FEIYI GUANGXI

非遗广西

广西壮族自治区党委宣传部
当代文学艺术创作工程扶持项目

侗寨

巧夺天工的杰构

赵伟翔　编著

广西人民出版社

图书在版编目（CIP）数据

侗寨：巧夺天工的杰构 / 赵伟翔编著 . —南宁：广西人民出版社，2022.6
（非遗广西）
ISBN 978-7-219-11372-1

Ⅰ.①侗… Ⅱ.①赵… Ⅲ.①侗族—建筑艺术—介绍—广西 Ⅳ.① TU-882

中国版本图书馆 CIP 数据核字（2022）第 063353 号

出 版 人	韦鸿学	责任编辑	罗　雯
出版统筹	郭玉婷	美术编辑	牛广华
设计统筹	姚明聚	责任校对	覃丽婷　李新楠
印制统筹	罗梦来	责任印制	张战鹰
音像出品	韦志江	音像监制	滕耀胜
音像统筹	陆春泉	音像编辑	钟智勇

出　　版　广西人民出版社
　　　　　　广西南宁市桂春路 6 号　　邮政编码　530021
发行电话　0771-5523338 5507887
印　　装　广西壮族自治区地质印刷厂
开　　本　880 mm×1230 mm　1/32
印　　张　5
字　　数　104 千字
版次印次　2022 年 6 月第 1 版　　2022 年 6 月第 1 次印刷
书　　号　ISBN 978-7-219-11372-1
定　　价　28.00 元

前　言

文化是民族的血脉，是人民的精神家园。习近平总书记强调，"中华民族在几千年历史中创造和延续的中华优秀传统文化，是中华民族的根和魂"。党的十八大以来，以习近平同志为核心的党中央高度重视中华优秀传统文化保护传承工作。中共中央办公厅、国务院办公厅2017年1月印发的《关于实施中华优秀传统文化传承发展工程的意见》强调，实施中华优秀传统文化传承发展工程，是建设社会主义文化强国的重大战略任务，对于传承中华文脉、全面提升人民群众文化素养、维护国家文化安全、增强国家文化软实力、推进国家治理体系和治理能力现代化，具有重要意义。非物质文化遗产是中华优秀传统文化的重要组成部分，是中华文明绵延传承的生动见证，是联结民族情感、维系国家统一的重要基础。保护好、传承好、利用好非物质文化遗产，对于延续历史文脉、坚定文化自信、推动文明交流互鉴、建设社会主义文化强国具有重要意义。

2017年4月，习近平总书记视察广西，来到合浦汉代文化博物馆，指出这里有着深厚的文化底蕴，要让文物说话，让历史说话，让文化说话，要加强文物保护和利用，加强历史研究和传承。2021年4月，恰逢"壮族三月三"活动期间，习近平总书记再次亲临广西视察，专程到广西民族博物馆观看壮族织锦技艺、壮族天琴艺术等非物质文化遗产项目的展示展演并给予高度肯定。2021年6月，习近平总书记在给老艺术家黄婉秋的回信中说，你主演的电影《刘三姐》家喻户晓，让无数观众领略到了"刘三姐歌谣"文化的魅力。总书记同时指出，深入生活，扎根人民，把各民族共同创造的中华文化传承好、发展好，是新时代文艺工作者的光荣使命。习近平总书记的重要指示，为我们做好广西文化遗产保护传承工作提供了根本遵循。

广西地处祖国南疆，是一个多民族聚居的地区，有壮、汉等12个世居民族。长期以来，各民族交往交流交融，和睦相处，团结奋斗，在八桂大地共同创造了光辉灿烂的历史和文化。广西各民族在适应自然，创造历史，与自然和历史对话过程中创造出多姿多彩、丰富厚重，具有极高历史价值、文学价值、艺术价值和科学价值的民族文化，为我们留下了宝贵的非物质文化遗产。这些遗产，一方面是各民族在广西这片亚热带土地辛勤耕耘的见证，另一方面也反映了广西各民族之间交往交流交融、共建壮美家园的历史，有力佐证了我们56个民族是命运与共的中华民族共同体。

广西非物质文化遗产以其多元化的形态体现着各民族的聪明智慧和非凡的创造力，是传承各民族文化根脉的宝贵资源财富，是激励各民族团结奋进、锐意进取的不竭动力和源泉，对继承和弘扬中华优秀传统文化，推动社会主义文化大发展大繁荣具有重要意义。为保护各民族共同创造的非物质文化遗产，广西采取积极有效措施，加强非物质文化遗产的保护与传承。截至 2022 年 6 月，广西共有 70 项国家级非物质文化遗产代表性项目，先后有 49 名传承人被认定为国家级非物质文化遗产代表性传承人；共有 914 项自治区级非物质文化遗产代表性项目，先后有 936 名传承人被认定为自治区级非物质文化遗产代表性传承人。

2021 年 8 月，中共中央办公厅、国务院办公厅印发《关于进一步加强非物质文化遗产保护工作的意见》，要求加强非物质文化遗产相关出版工作，加大非物质文化遗产传播普及力度，出版非物质文化遗产通识教育读本。为认真贯彻落实习近平总书记关于文化遗产保护的系列重要指示精神和中办、国办有关文件精神，深入实施中华优秀传统文化传承发展工程，保护、传承非物质文化遗产，广西壮族自治区党委宣传部组织广西出版传媒集团旗下 7 家出版单位编纂出版了广西非物质文化遗产普及读物——"非遗广西"丛书，并将其列入广西当代文学艺术创作工程三年规划（2022—2024 年）给予扶持。"非遗广西"丛书共 20 种，每种均附音频、视频等数字出版内容，通过融合出版方式增强丛书的通俗性、可读性、趣味性，全方位展示广西丰富多彩的非物质文化遗产。这对于加强广西非物质文化遗产保护、传承和开发利用，提升广西优秀传统文化影响力和传播力，建设新时代中国特色社会主义壮美广西，铸牢中华民族共同体意识具有重要意义。

非遗广西

侗寨
巧夺天工的杰构

目录

MULU

秘境三江

在云贵高原边上，黔、湘、桂三省（区）交界处，莽莽群山如惊涛骇浪，绵延不绝。大山深处，云兴霞蔚，溪流纵横，河网密布。都柳江、苗江、寻江在此交汇成融江，为柳江上游，奔流至西江、珠江而入海。

融江起始处有一座县城，古称怀远，为广西侗族主要聚落。怀远县始建于宋崇宁四年（1105 年），距今已 900 多年历史。民国三年（1914 年）易名为三江县。1955 年成立三江侗族自治县。

三江侗族自治县隶属广西柳州市。全县总面积 2454 平方公里，现辖 15 个乡镇，常住人口 32.25 万人，主要居民为侗、苗、瑶、壮、汉等民族，户籍人口中侗族人口占 58%，是广西唯一的侗族自治县，也是全国 5 个侗族自治县中侗族人口最多的县份。

天上宫阙

这是一块神奇的土地。从柳州驱车前往三江，仿佛在穿越一条时光隧道，车窗外，城市的喧嚣渐渐远去，乡村的宁静袭人心怀。特别是车入三江后，景色更为迷人，连绵的群山中，溪河两旁，层层梯田似一张张巨大的蛛网张开在山间，身着蓝紫色服饰的侗家人慢悠悠地在"网"间移动。依山傍水之处，一座座木楼村寨，在连绵起伏的山林中若隐若现，古朴而神秘。

侗族，族源多有说法，一般认为其主体是由古百越人的一支演变而来。侗族按区域分为北部方言区和南部方言区。侗族方言区以贵州省锦屏县启蒙镇（婆洞）为分水岭，由此往北为北部方言区，包括天柱、剑河、三德、新晃等地；由此往南即为南部方言区，包括贵州黎平、从江、榕江，湖南靖州、通道，广西三江、龙胜。北部方言区交通较为便利，而南部方言区则由于居住的环境被大山所封闭，长期以来其生活方式、民风民俗更为传统，鲜为人知。

近年来，当高速公路直通县城，当高铁驰入群山，越来越多人走进地处南部方言区的三江地区。古朴神秘的侗寨和巧夺天工的侗族木构建筑迎来众多参观者。巍峨的寨门、壮美的风雨桥、高耸的鼓楼、精致的戏台、鳞次栉比的吊脚楼民居……让人疑是大山云海里的海市蜃楼，落入深山的天上宫阙。

其实聚居在大山中的居民，除了侗族之外，还有壮、苗、瑶、汉等民族。他们有的习俗相近，有的语言、服饰、建筑等也多有相似之处，外人很难分辨。但只要从他们聚居环境和民居的不同入手，便可区分。

在柳州有一首民谣大家都耳熟能详：高山瑶，半山苗，汉人住平地，壮侗住山坳。也就是说，瑶族住在山顶，苗族住在半山腰，壮族和侗族常居住在山间谷地。这是历史发展所形成的格局。

壮族和侗族都是稻作民族，语言、习俗相近，只是如今壮族村落中已较少见干栏式建筑和自己的民族服饰，民居多以土春墙、土坯砖垒或砖木地居，仅以此便可大致区分两者。但也有例外，如毗邻三江的桂林龙胜地区的壮族人民仍然住干栏木楼，柳州融水的苗族村寨也有不少位于山间谷地。其不同还可从他们的寨子中的主要公共建筑来进一步辨识。桂北的侗寨里往往建有高大的鼓楼，如同一棵巨大的杉树立在寨子中心；而苗寨则常常在中心广场立有一根如华表一般的芦笙柱，柱高十米有余，柱子自上而下雕刻有白凤（白色锦鸡）、水牛角和龙的立体图案；壮族村寨一般没有这类建筑。

在桂北，只有侗寨才有鼓楼，凡有鼓楼必为侗寨。

春到侗寨

山坳是山间的小平地，常有溪流潺潺，冲积出可耕种的田垌。侗族人喜欢将自己的村寨建在这样依山傍水、背风向阳之处。有趣的是，自古以来，在黔、湘、桂三省（区）的侗族地区，关于村寨的选址有一个"寻鹅记"的传说。位于黔、湘、桂三省（区）交界处的三江高定侗寨就流传着这样的故事：

明万历年间，高定的先人由湖南、贵州等地迁到与现在的高定寨有一山梁之隔的"背寨"居住，不知何故，人丁、六畜一直不旺。有一天，寨中仅存的一只母鹅也不见了。

几个月后，有人翻过山梁，偶然发现那只失踪的母鹅正与一只白鹅做窝，并孵出了一群可爱的小鹅。这个地方背风向阳，古木参天，有多处冬暖夏凉的泉水，甘甜爽口。泉水流过，水草茂盛，鱼虾成群，鲜花遍野，鸟叫蝉鸣，如神仙之境。于是，他们举寨搬迁至此，从此果然添丁进口，六畜兴旺。

感念于这只母鹅的指引，侗族人尊称其为"仙鹅"。如今，高定侗寨已发展成拥有 671 户 2543 人的大寨。

在离高定不远的高友、平溪等侗寨，也有着相似的传说。这样的传说，往往还体现在侗寨主要公共建筑的装饰上。比如有些村寨的鼓楼或风雨桥上，常常装饰有仙鹅的图象。可见，在古代，侗族村寨的选址，多以鸭鹅在野外孵蛋之地为首选，"鸭鹅孵蛋，泉水长流，鱼虾成群，浮萍滋生，是为宝地"。后来逐步演化为"依山傍水，背风向阳，前有阡陌，后有山林，是为宝地"。随着与汉族的交往交流加强，侗族人也吸收了天人合一、人与自然和谐相处等理念，结合环境选择最佳建寨场所。

侗寨建设大多就其地形，依山傍水，整体布局大致分为平坝型、山麓型、山脊型和山谷型。无论靠水远近，或依山深浅，建寨者在择地时都会找出一块相对平坦之地来建寨。寨子依靠的山脉叫"龙脉"，龙脉止处的平坦地方称为坝子，即"龙头"。"龙头"前面的缓坡地带即"龙嘴"，是理想的立寨之地，俗称"坐龙嘴"。而后，再在后山蓄养古树、青竹形成林，以示镇凶邪；在溪河上建造风雨桥，以示锁财源。

三江许多传统的侗寨都是这样布局的。比如三江著名景区程阳八寨的马鞍寨便是典型的例子。马鞍寨背靠迥龙山，寨前有林溪河绕流，冲积出开阔的稻田平坝。寨子下方，闻名遐迩的程阳桥跨河而过，如龙盘卧。寨子依山而建，寨中有鼓楼高耸，典雅古朴的吊脚楼民居鳞次栉比，围绕鼓楼分布，和周围的自然环境融为一体，形成了天地人和谐统一的画卷。

可以说，这样的聚落选址理念是千百年来侗族先民从生命实践和生存发展的经验中获得的，既体现了侗族民间建筑的实用思想，又折射出侗族群众朴素的自然观和生态意识。

侗寨大的有几百户人家，小的也有几十户人家。如三江独峒镇的干冲寨即是大寨，人称千户侗寨。侗寨往往以高大的鼓楼为中心，萨坛、戏台、吊脚楼民居围绕着鼓楼辐射开来，青石板村道纵横其间，与池塘、井亭、凉亭、禾仓、禾晾等，共同构成一个完整的聚落。侗寨按其大小，有一个到多个寨门，通往村口和周围田地。村寨下方溪河之上，有风雨桥横跨其上。有些村寨还有诸如飞山庙（有些地方叫飞山宫）、三王宫、雷神庙、土地庙、宗祠等建筑。

令人惊奇的是，侗寨里的楼桥亭台几乎全是木结构，且不用一钉一铆，全部用榫卯结构组合完成，独具匠心，令人叹为观止。

由于其精湛的技艺和文化价值，2006 年，侗族木构建筑营造技艺列入第一批国家级非物质文化遗产代表性项目名录。其中，林溪镇程阳桥、八江镇马胖鼓楼、独峒镇岜团桥、良口乡和里村三王宫公布为全国重点文物保护单位。林溪侗寨

古建筑群（含平岩村、高友村、高秀村等村寨）、独峒镇高定
侗寨古建筑群、梅林乡车寨古建筑群（含寨明、相思、平寨、
陡寨等屯古建筑群）、独峒镇平流赐福桥和林溪镇亮寨鼓楼等
公布为广西壮族自治区级文物保护单位。

为保护这些民族文化的瑰宝，当地还成立了三江侗族生
态博物馆。此馆以县城侗族博物馆为展示中心，辐射独峒镇
孟江上游沿岸 15 公里内的高定、林略、牙寨、独峒、座龙、
邑团、盘贵、平流、八协等地。保护区现存风雨桥 13 座、鼓
楼 26 座，能够最大限度利用自身优势，以文化社区的方式对
文化遗产进行系统保护与管理。

2012 年，三江启动了与贵州、湖南两省毗邻 5 个县 25 个
侗族村寨联合申报世界文化遗产工作，高友、高秀、高定、
马鞍、岩寨、平寨 6 个侗族村寨入选中国世界文化遗产预备
名单。

可以说，进入三江境内就是进入了一座近 2500 平方公里
面积的木构建筑营造技艺博物馆。特别是三江北部区域林溪
镇、独峒镇、八江镇、良口乡等乡镇，更是重要文物木构建
筑和侗族传统村落分布密集的地方。

这些木构建筑村落，不仅是侗族人民的栖息之地，还是
侗族文化的主要载体，衍生出鼓楼文化、木楼文化。千百年
来，侗款、侗歌、侗戏、斗牛、月也、行歌坐夜（侗族青年
男女交际和恋爱活动方式的通称）、百家宴等在侗乡深处形成、
传承，成为凝聚侗族人民的精神与情感的纽带。

长期以来，这些侗乡田园、村落、木构建筑、侗族文化

也深深地吸引了众多艺术家来采风、创作。

1989年至1990年间，曾任法国总统密特朗专用摄影师的阎雷与好友——纪录片导演西梦·普拉蒂纳深入侗乡创作，首次向西方世界展示了神奇的侗乡木构建筑世界和神秘的侗族文化。

"我们第一次的侗乡之行全程都很冷，还几乎一直在下雨，不过西梦和我发现这个族群仍然保留着他们奇妙的歌唱文化、木构建筑和传统蓝染服饰。"阎雷说，"所有人对我们都很友善，毫无敌意，全中国各地对外国人都是这么好。侗族人活在一种永恒而仁厚的安宁之中，这也一点一点地打动了我们。"

阎雷记录侗乡的摄影集《歌海木寨》一出版便惊艳海外。西梦拍摄的侗乡纪录片如今仍在海外媒体平台不断重播。西梦还在侗乡遇到了自己一生的挚爱——广西电影制片厂女导演朱小玲，他们在这个诗境一般的"歌海木寨"陷入爱河，最后喜结连理。20年后，朱小玲和丈夫西梦重回侗乡，执导故事片《童年的稻田》，由侗族演员本色演出，侗语配音，再现侗乡木构世界，以宣传家乡广西，也以此纪念自己的跨国之恋。影片处处画境唯美，故事真挚感人，在国际影展中获奖无数。

2014年，法国导演费利普·弥勒在广西开拍其代表作之一《夜莺》（李保田主演），也在三江程阳八寨等侗寨取景。

近年来，在三江侗乡开拍或取景的电影还有成龙主演的《绝境逃亡》、王焕武导演的《金画眉》，以及电视剧《刘三姐》等。

他们的到来和这些摄影作品、影像记录让巧夺天工的侗族木构建筑艺术和侗族文化走出中国，享誉世界。

这些令人着迷的侗寨，不仅拥有巧夺天工的木构建筑，还通过建筑之间的有机组织形成一个个充满侗族精神文化共性的聚落。这些村寨有的已有上千年历史，在年复一年的田园牧歌中几乎没有大的改变，成为三江最具有魅力的传统村落。

它们多坐落在山环水抱、茂林修竹之中，与周边的自然要素巧妙融合，形成了人类理想的聚居地。这些村落在空间布局以及与自然环境的联系上往往构思巧妙，经历了很长时间的传承，包含着侗族群众与自然和谐相处的智慧。

可以说，每一座蕴含侗族传统文化的村落，都是活着的文化遗产，体现了一种人与自然和谐相处的文化精髓和空间记忆。

程阳八寨

程阳八寨在三江县城北部 14 公里处，由马鞍、平寨、岩寨、平坦、东寨、大寨、平铺、吉昌 8 个自然村寨组成，面积 12.55 平方公里，居民 2197 户近万人。

从三江县城驱车半个小时便可抵达程阳八寨。

河流、稻田、水车、廊桥、侗寨……程阳八寨之旅如一

扫码看视频

程阳八寨

场美梦，让城里来的游客常常一下车就挪不开脚步。

发源于本地的林溪河从水团村彭木山潺潺而下，如青罗带蜿蜒环抱着这片沃土。8个村寨分布在林溪河畔和弯弯曲曲的山梁间，形成颇为可观的侗族村寨聚落。

据说，此间侗族先民最早于唐末迁来。当时侗族先民因战乱南下，先后有程、阳两姓在此定居，因此时称程阳。后不断有人迁入，经千年繁衍生息，形成了今天的程阳八寨。

他们世居于此，创造了丰富多彩、灿烂辉煌的侗寨文化。

8个寨子，各随山形水势而建，多取依山傍水之格局，形成传统自然古村落景观。2000余座吊脚楼鳞次栉比，簇拥着15座鼓楼，9座风雨桥将各寨连在一起，它们共同组成"中国侗族木构建筑博物馆"。举世闻名的世界四大历史名桥之一的程阳桥就坐落于此。

林溪河畔，阡陌纵横，给了程阳八寨以诗一般的田园风光。传承千年的侗款规约，向世人展示传统与现代、保护与发展、传承与创新的成果。如今，程阳八寨已成功创建国家AAAA级旅游景区，正向国家AAAAA级旅游景区冲刺。其中，马鞍、平寨、岩寨是侗族传统村落建筑特色和生态环境保持较好的3个侗寨，被列入中国世界文化遗产预备名单。

马鞍寨位于林溪河畔，是经程阳桥进入程阳八寨遇到的第一个寨子。这里河道曲折迂回，因常年河水冲击，泥沙淤积，形成一个山间坝子。坝子东面靠山，从山脚下伸出一片形如"马鞍"之地，马鞍寨就建在"马鞍"上。

驻足林溪河岸边远眺，可见远山苍茫，寨前阡陌纵横，河道上水车转动，浇灌着沃野。一座重瓴联阁的木构风雨桥横卧江上，精美绝伦，让人惊叹。

　　它便是闻名世界的程阳桥，又名永济桥、盘龙桥。

　　"重瓴联阁怡神巧，列砥横流入望遥。"这座曾被郭沫若先生盛赞的侗族风桥雨，以巧夺天工的结构征服了世界，被誉为世界四大历史名桥之一。1982年，程阳桥被公布为全国重点文物保护单位。每年游客纷至沓来，皆为一睹其风采。

　　就像一个龙头，八寨之旅因以这座桥开场而先声夺人，让人对接下来的行程充满了期待。

　　流连再三，过了程阳桥，沿山道而上，便是马鞍寨。

　　鸟瞰马鞍寨，村落犹如坐落在由曲水三面合围的半岛上，与周围的田园形成辐射状，民居团状式聚集在中间。

　　寨内有1座风雨桥、2座鼓楼、3座寨门、4座土地庙。马鞍寨鼓楼立于坝子中心突起的台地上，前面是鼓楼坪，旁边是戏台。这里是寨子里的政治、文化中心，村中议事和娱乐就在这里。如今，为了发展旅游，逢节庆会有多耶和侗戏在这里开演，与游客同乐。鼓楼坪上，还会举行百家宴，摆上酸鱼、酸肉、糯米饭等侗乡美食，与八方来客共享。

　　2014年11月7日至11日，由演员成龙领衔主演的电影在马鞍寨取景拍摄。鼓楼坪上摆出了丰盛的百家宴，让包括成龙在内的演员们都赞不绝口。成龙说："三江景色美，人非常好，民族服饰漂亮，具有可塑性特点的自然景观，侗寨、酸食、腊肉等都让人永远回味。"

马鞍侗寨

马鞍寨的民居依山就势，围绕着鼓楼层层展开，一排排青瓦木楼古朴典雅、鳞次栉比。寨中有六条环绕状的道路，构成村寨的骨架。在村边的河岸上，是一条环绕村寨周边的石板路。这条石板路与进村口的两条路相交，构成了村寨的交通主线。村内除了林溪河提供灌溉水源外，还有从山上流下来的泉水。泉水在山脚下汇成一块块水塘，可养鱼，也可作消防之用。村民的饮用水，主要是山上流下来的泉水。

马鞍寨是程阳八寨里最繁华的侗寨，民宿客栈、餐厅林立。旺季时，白天游客接踵而至，十分热闹，晚上则十分清静，依山楼台掩映林中，蛙声虫鸣弥漫四野，不时有侗族琵琶在某个木楼中弹起，古老的旋律、动情的吟唱，让人醉里不知身是客。

岩寨在林溪河畔，从马鞍寨沿观光步道主道前行便可抵达。

有山溪自西南面来，在寨北折转向东南，穿寨而过汇入林溪河，将寨子分为东西两区。溪与河之间形成的三角地带为寨子的东区。溪以西的西区是岩寨扩大后建立的新区。新老区之间有两座小风雨桥相连。东区是老寨的所在，约建于明代晚期，到处充满了侗族传统文化的遗存。

老寨依山而建，所依之山名为"衙萨"，即萨坛峰之意，是村寨的"风水山"。"萨"即"萨岁"，在侗族中意为始祖母，是侗族最高的保护神。侗族人民认为她神通广大，能主宰人间一切，能影响风雨雷电，能保境安民，能镇宅驱鬼。古时岩寨的村民曾在此山设坛祭祀萨岁，因此取山名为"衙萨"。今岩寨河边码头旁还有青石砌成的萨坛，坛外还有数棵古老的大树。逢年过节，岩寨人仍在此祭萨。

东区东西两侧以溪河为分界，北面靠山处原有防卫的寨墙，现仅存两座老寨门。东区的林溪河边建有老鼓楼，鼓楼建在石块垒砌的陡坎上。该鼓楼据说建于清宣统元年（1909年），1932年曾经做过大修。

老鼓楼下方有一口古井，名为龙凤井，其井水是寨里村民主要饮用水之一。相传曾有一对龙凤从天而降，精疲力竭立于鼓楼之上，于此饮水后，瞬间恢复力气飞天而去，故此井名"龙凤井"。

村内5条石板古道，组成村寨的交通主干道。

西区居民木楼主要靠西侧的山麓而建，一条南北向的街道贯穿整个西区，北端通过小溪上游的风雨桥可至东区，南端沿山麓顺林溪河而下与马鞍寨相连。

西区东南侧有新鼓楼，建于2006年，楼高近30米，檐层15层，由4根主柱和12根衬柱组成，巍峨壮观。该楼为岩寨著名工匠杨求诗掌墨营建。

鼓楼前有一块宽阔的鼓楼坪，坪的北侧建有戏台。逢年过节或在旅游旺季，此处会有各种侗族文化展演活动。程阳八寨的许多较大型的民俗表演或百家宴，也常在此举行。

岩寨如今已成为国家级非物质文化遗产代表性项目侗族木构建筑营造技艺传承中心，两位国家级非物质文化遗产代表性传承人杨似玉、杨求诗均住在这里。

岩寨新鼓楼

　　戏台南侧为著名工匠杨似玉家。杨似玉的祖父杨唐富是当年程阳桥建设的主要发起者和参与者。杨似玉的父亲杨善仁子承父业，也成长为当地著名工匠。杨似玉从小便跟随父亲杨善仁学艺，并与父亲一起多次参加过对程阳桥的维修。一百多年来，杨家三代工匠成了程阳桥最忠实的守护者，在当地被传为佳话。

　　2007年，杨似玉被认定为第一批国家级非物质文化遗产代表性传承人。岩寨村民活动中心和柳州市非物质文化遗产传承展示中心就建在杨似玉家，陈列着许多木构建筑模型、侗族服饰、乐器、生产生活用品等，游客可在此处体验侗族木构建筑营造技艺和其他侗族文化的神奇与魅力。

　　另一名著名工匠杨求诗家在溪侧陡坡上，隔溪侧对平寨。

杨求诗技艺精湛，声名日隆，仅在程阳八寨，经他掌墨建造的木楼多达数百座。

因此，若说程阳八寨是"中国侗族木构建筑博物馆"，那岩寨就是其中最重要的组成部分。

平寨位于林溪河北岸，与岩寨隔河相望。河上有一座传统的风雨桥——合龙桥将两个寨子连在一起。

从岩寨西区入口过合龙桥，便可见一道伸向林溪河的山岭所形成的村寨南端的屏障，另一座耸立的小山丘则将平寨与大寨分隔开来。

两山之间的平川呈哑铃状，一条小溪从东西向流过，最后汇入林溪河。平寨的民居主要位于这条小溪以北，集中于小溪水与林溪河汇合处。

寨子主体位于林溪河畔，以靠近北面山坡一带的民居最为密集，是寨子的核心聚居区，也是村寨先民最早建寨的地方。

寨北有小山，山旁有一株参天的古树。

寨内有 5 条青石板路，通达寨子 4 处，有的已有上百年历史。据说这 5 条道路出寨处原各有一座寨门，现仅存面朝林溪河的西南寨门和连接公路的东南寨门。这 2 座寨门是程阳八寨中保存最为完好的老寨门。

溪流岸边有砖石围砌。站在岸边，可见水清澈见底，潺潺而下，有妇人浣衣于此，有孩童打着水漂，亦有群鸭戏水。寨里有一口少见的竖向双井，名为"懂井"，是八寨里最古老的水井之一，其井水是平寨主要的饮用水源。

寨子西南的林溪河上的合龙桥是程阳八寨景区内又一座古桥。桥长 42.8 米、宽 3.78 米，水面至桥廊高 9 米，为两跨三墩二楼的结构。此桥曾被洪水冲毁 3 次，现存桥为 1941 年修复。该桥顶部有青白二龙戏珠，象征着双龙共同守护村寨，同时也记录当年建桥时，由当地两位有名的木匠分别从桥两头开始修建，然后在中间严丝合缝对接的传奇史实。

桥廊上可观林溪河两岸风光，常有老奶奶在此做侗绣，亦自用，亦出售。桥头有捣衣台子，不时有侗族人在此捶打侗布。旧时，此间侗族人家家自织棉布，并将其染成蓝紫色，反复捶打以使其成形染透。逢月夜，捶打声此起彼伏，颇有一番"长安一片月，万户捣衣声"的诗境。

平寨有两座鼓楼，一座是老鼓楼，建于清道光元年（1821年），是目前三江境内发现有石碑、木匾记录的较为传统的侗族建筑；一座是2014年新建的鼓楼。

老鼓楼面阔三间，中间重檐悬山顶。这是侗族鼓楼建造的最初形态之一。2014年，平寨将老鼓楼整体平移到鼓楼坪右侧，在原址建起新鼓楼。新鼓楼为独柱鼓楼，虽为新建，却是鼓楼的另一种传统形态——罗汉楼的现代再现。

独柱鼓楼古称"罗汉楼"，是模仿大杉树的形态营建的一种公共建筑。"罗汉"二字，实为侗语中称男子为"腊汉"的谐音。鼓楼自诞生以来，便带有其鲜明的雄性特征，也因此成为侗寨的"寨胆"。平寨这座巍峨挺立的独柱鼓楼亦是如此。

这是三江目前体量最大的独柱鼓楼，为国家级非物质文化遗产代表性传承人杨求诗的代表作。新设计的鼓楼大胆创新，改变了传统内四柱、外十二柱的常见形式，吸取了古代独柱鼓楼的结构特点，设计了一个落地的中心柱。同时，内四柱不落地，形成了鼓楼内部较大的空间，集中展现了侗族人民巧妙绝伦的技艺和高超的智慧。

置身鼓楼之中仰望，纵横交错的结构如大杉树繁茂的枝干般，从巨大的主干伸展出去，寓意着侗族人民的开枝散叶，也如一把巨伞，为平寨的子子孙孙遮风挡雨。这是到平寨不可不看的一景。

高山人家

"远上寒山石径斜，白云生处有人家。"用唐代诗人杜牧之诗来描绘三江侗族的高山人家亦十分贴切。

这里是黔、湘、桂三省（区）交界处，高海拔山区，群山莽莽，云海蒸腾，溪流纵横。

此间有三座以"高"为首字命名的侗寨，分别为林溪镇的高秀、高友，独峒镇三省坡的高定。2012年，这三座侗寨与程阳八寨的马鞍寨、岩寨、平寨一起被列入中国世界文化遗产预备名单。

这些依山傍水的村寨，既得桂之灵气，亦得湘黔之文韵，古朴而神秘，是深蕴侗族文化的诗境家园。

高秀位于黔、湘、桂三省（区）交界的大山深处，三江侗族自治县林溪镇东北部。高秀村下辖高秀、马哨两个自然屯，共400余户1700多人，居民全是侗族。

高秀以"山之高，水之秀"而得名。根据高秀中心鼓楼中的碑文记载，高秀建寨已有500多年历史。相传高秀先民由中原迁来，越过洞庭湖，尔后沿江而上到此繁衍生息。

高秀地处高山河谷，四面环山。山谷中央有两条由东南

高秀侗寨

流向西北的溪流，如同两只纤纤细手将这个古朴的村落揽在怀中。两条溪流均不大，但常年流水潺潺，伴着鸟啼凑出清脆的乐曲。一条溪流来自上游的高友村，另一条由东面山谷里数十只泉眼汇集而成，缓缓流下，在村头的西北面汇合，灌溉着村庄里的田地与庄稼。

　　绕过村庄路段的溪流，由村里人拦起一米来高的小水坝，放养鲤鱼和鲫鱼。行走路上可见鱼儿在水里畅游，平时不允许捕捞，等到农历九月初九重阳节，方可捞起敬予村里老人。

高秀村处湘桂交界之地，受到楚湘文化影响，村里人勤奋善良、和谐共处、尊师重教，孕育了许多优秀的人才。

寨子里寂静安然，村民和蔼可亲，到处是青石砌成的石径，随处可见历史遗留的痕迹，有明清时期的石碑、庙宇，还有近现代砌起的护城墙等。那些石板巷道、鼓楼、风雨桥、吊脚楼、寨门、井亭、寺庙、城墙、水碾、古树、防洪堤等古建筑及自然景观保存完好。

每到清晨或傍晚，村庄上空常会浮起一层淡淡的薄雾，弯弯曲曲的溪水在阳光照耀下折射出阵阵金光，像一根被贪玩的仙女遗落在人世间的绸带。

全村有七座鼓楼、三座风格不一的风雨桥。这些鼓楼多半是按房族分布而建，农闲时节人们就到鼓楼里歇息、闲聊，不同房族的人一般只到自己房族的鼓楼里，房族间有什么事情或过节，一般就在鼓楼里商议解决。

村里杨姓为大姓，分上杨和下杨，各建有一座鼓楼。下杨建的鼓楼称为北门鼓楼。北门鼓楼前竖有石刻序碑，序文由从村庄走出的侗族作家杨仕芳所作。

村里最为高耸壮观的鼓楼，要数立于戏台前的中心鼓楼，由全村人共同出资于2009年建造而成。

从远处看，数十米高的中心鼓楼，在村子中央拔地而起，越过周边错落有致的吊脚楼，如同一位德高望重的寨老满脸慈祥地注视着村里人的日常。屋檐上盖着灰瓦，对应着四周的青山，构成一幅和谐的山村图景。

走进鼓楼，从上到下全由上好的杉木建造，一身金黄色，悬梁上布满图腾，由四根上百年的大杉木为主柱，周围十二根柱子稳稳地顶住四方的瓦檐。鼓楼内悬挂着祝贺牌匾近二十块，全都是桂湘两地邻村的百姓赠送，体现着寨民与邻为善、齐心和谐的优良民风。

高秀村四季相对分明，既有南方的雨季，亦常有"北国风光"。2022年初春，高秀村迎来了一场罕见的鹅毛大雪。大雪纷纷扬扬，落在鼓楼上，落在风雨桥上，落在黛色的木楼村落里，将高秀变得银装素裹。寨子里静谧得只有雪落下的声音，曲曲折折的石板路上，积雪很厚，雪地上那些深深浅浅的脚印是人们归家的心情。

在雪落的夜晚，若恰有朋自远方来，寨民便以油茶或美酒佳酿，佐以特色佳肴——陈年酸鱼酸肉、珍珠糯米饭相待。主客数人，围在火塘边上，边温酒吃肉，边听侗族琵琶声起，与山寨里的姑娘唱起动人的情歌，让人乐不思归。

此间土壤，适合红薯生长，质优味美的高秀红薯远近闻名。每年秋天，高秀村利用优良品质的红薯，策划举办"文化林溪"红薯节。节庆期间，村里开展田里抓鱼、山上采茶、挖红薯等农耕文化体验活动，芦笙、多耶、纺纱、百家宴、行歌坐夜等民族文化，每年都吸引着众多游客前来感受这浓浓的侗族风情。

秀美的风光、纯朴的民风、丰富的民俗文化让高秀相继获得"自治区文明村"、"柳州市十大美丽乡村"、中国首批少数民族特色村寨、中国传统村落等荣誉。

高友位于三江侗族自治县林溪镇东北部湘桂交界处，大伞山峰东侧，距三江县城36公里，为"湘桂百里侗文化长廊"中心。村居山谷间，有泉水出，北去汇入长江洞庭湖水系。

村中都是侗族群众，据传立寨于明天顺元年（1457年），距今已有五百多年。高友先民先由江西省吉安府（今吉安市）泰和县迁徙到湖南省城步苗族自治县，后经柳州、融水迁入三江，随后，又沿林溪河逆流而上，经过数次迁移，最终迁至塘油，取名稿有村，现名高友村。至今，该村有10个村民小组近 500 户 2000 人。

高友村四面环山，林木茂盛。寨子按常见传统村落的风水布局。根据村里老人的说法，高友背靠之山属子山午向，以寨门为"龙头"以锁福气，以飞山庙为"龙中"以保安宁，以风雨桥为"龙尾"，以锁财源。

村子下方的风雨桥名为福桥，位于左右山梁的连接处，始建于清代初期。六座鼓楼分布村中，有五座建于清代，上面有五十多年前留下的标语，仍清晰可见。位于广场上的福星楼竣工于 2005 年 10 月，攒尖式，楼高为十三层檐瓴，是高友鼓楼的代表。

行走于高友的村巷，可见古迹颇多。相传过去有规模宏大的飞山庙、南岳宫、雷神庙，"文革"时期遭破坏，今仅存一座小型飞山庙。

这座飞山庙始建于清代初年，是纪念威远侯杨再思（飞山太公）的庙宇。飞山庙位于村中重要位置，即"龙中"之位，以保村寨平安。建筑虽遭破坏，却仍是三江境内发现的保存最好、规模最大的飞山庙。它不仅规模大，建筑上还很讲究。

飞山庙分内院和外院两部分，建筑工艺精湛。门面很讲究，大门是用两块巨大的青石板建的，雕刻着两副对联，颇有气势。如今远眺村落，在黛色民居中，飞山庙的那一抹白还是很抢眼。农历每月初一和十五，都有当地群众去飞山庙祭奠，经久不衰。

高友民居密集建于山谷两边的绿树竹林丛中。民居至今

仍保留着干栏式木楼结构。寨内民居一般一家一栋，兄弟虽分家却常常共享外廊，有的和堂兄弟的房子连在一起，廊檐相接，楼板互通，每逢喜庆节日，人们相聚于此设宴待客。这就是人们常说的"侗屋高高上云头，走遍全寨不下楼"的侗族民居特有风貌。

山谷里阡陌纵横，晨昏时候，总见人们躬耕或喝牛来去的身影，一派闲适的田园生活图景。

高友水边田地长有一种名为宽叶韭菜的青菜，是此间特产，香、脆、嫩、甜，受人青睐。

韭菜在侗语中，有沉思、稳重、老实之意，饱含"自然和谐"之内涵。传说侗族祖母"萨"食用韭菜充饥无意间治愈了病痛，后来侗族后代也秉承了韭菜"稳重、老实"的性格。

逢谷雨时节，韭菜长势最好，其质最佳，村人常佐油茶食用，过谷雨节气。白天，姑娘们在田里溪边捞虾。黄昏，她们偷偷地到男青年（意中人）的菜园里割韭菜。这一天，谁家的韭菜被割得越多，就越吉利越有面子。晚上，姑娘们三五成群地聚集在一家打油茶，等着意中人行歌坐夜……如此美妙的习俗经500余年的演绎，代代相传，形成了今日高友韭菜文化。2007年，高友在谷雨时节推出韭菜节，此后一年一度，吸引众多游客前来体验，热闹非常。

自古以来，高友村都是隐士终生寻找的"世外桃源"，是文人向往的"诗境家园"。2007年高友村荣获"柳州市十大美丽乡村"称号，2012年高友村荣获"柳州市十大精品美丽乡村"称号并被列入第一批中国传统村落名录、中国世界文化遗产预备名单，2013年被评为"自治区级生态村"，2014年入选首批中国少数民族特色村寨。

高定侗寨地处黔、湘、桂三省（区）交界处，属独峒镇，距三江县城60公里。

高定，意为高而陡的地方。明万历年间，高定的先人由湖南、贵州等地迁到此处，距今已差不多500年。村中以吴姓为主，有670多户2600多人。

高定的先人之所以在此建寨，相传是因为有"仙鹅"引路。

进高定，要经过一座十分巍峨的寨门。寨门有七层重檐，高高矗立在右边寨顶的垭口处。寨门之上有可供行人出入的走廊，兼具了风雨桥的作用。作为村寨的出入口和关卡，如今的寨门防御功能已然消失，转而成为迎宾之门、笙歌之门。

在寨门的左上方，有一棵香樟树，粗可数围，树龄已有500多年。这棵与寨几乎同龄的古香樟，枝叶繁茂，是高定的家园树、神树，守护着村寨的岁月静好。在高定，有这样一个民间传说：树神见高定、归盆的青年男女常在一起玩"月堆华""行歌坐夜"，也忍不住跑去参加。他化身"腊汉"（侗语，即年轻男子），又帅又有才，撩得归盆的"腊勉"（侗语，即年轻姑娘）心动不已，追上门来，才发现他是樟树神。

美丽的传说都是热爱生活的人们编出来的，却也符合崇尚万物有灵的侗族人的自然信仰。

从香樟树前的坪地望去，整个寨子位于山地河谷间两边的斜坡上。寨中石板路曲折蜿蜒，吊脚木楼鳞次栉比，座座鼓楼矗立其间，与天地谐和，与自然天成。

寨子里四通八达的小路，延伸至每一栋吊脚楼前后，路上铺砌着鹅卵石或者青石板。"苔痕上阶绿，草色入帘青。"踩着长满苔藓的石板阶梯，走在寨内蜿蜒的巷道，满眼风格各异的木楼群落，让人顾盼流连。

高定有 7 座鼓楼，因此闻名遐迩。位于村寨中心位置的是公共鼓楼，其他 6 座为氏族鼓楼。它们矗立于连片的青瓦之上，有四角攒尖顶、八角攒尖顶、四角歇山顶等多种造型，各具特色，形成独特的鼓楼群落。

公共鼓楼是全寨最高大雄伟的建筑，为全寨人所共有，象征着至高无上的权威。公共鼓楼坪能容纳上千人开展活动，鼓楼前面的斜坡上修建了一条宽阔的台阶，从寨脚连通寨顶。

6座氏族鼓楼依次散布在公共鼓楼的四周，分别属于寨中的6个氏族所有。每个氏族的吊脚楼民居，聚集在氏族鼓楼的周围，形成一个个区域明显的姓氏族群。正如侗族作家吴浩在《鼓楼太阳月亮》中所写："侗族，喜欢把鼓楼比作月亮，而把村寨里的吊脚木楼，比作簇拥着月亮的星群。有月亮的夜晚，月亮跃到鼓楼顶上，千家灯火便组成人间的一道道银河。"

鼓楼群中，最为特别的当属吴姓五通族的独柱鼓楼。这座鼓楼始建于1921年，重建于1988年。此楼为穿斗式木构造，13层重檐，攒尖顶，高19米，底部面积130平方米。此楼只有一根主承柱，通过横枋与四周边柱相连，造型罕见，颇具匠心，工艺精良，气势宏伟，显示出侗族人民超凡的智慧。

每年春节，高定侗寨鼓楼前的民俗活动很丰富。大年初一，全寨人会去飞山庙祭祀飞山太公杨再思。之后，聚集

到村寨大鼓楼坪，举行"芦笙踩堂"和"讲款"活动。在过去，"款"是侗族的自治组织，"款约"是侗族的"村规民约"，曾在侗乡的治理中起到主导作用。如今，"款文化"则融入村规民约中，仍在规范着侗乡的道德风尚。

　　高定地灵而人杰，把教育当成头等大事，"堂喊"（学堂）文化在此源远流长。高定侗族人民，居深山而志高远，这里相继走出一批学界、政界、文艺界知名人物。

　　高定还是广西自治区级非物质文化遗产代表性项目侗族器乐——侗笛的传承中心。每年秋天，寨中都举行侗笛歌节以庆丰收。节日里，好手云集，侗笛声声山歌起，高山流水觅知音。

　　近年来，高定相继获得"柳州市十大美丽乡村""自治区生态文明村"等荣誉称号，旅游业获得长足发展。

高定侗寨

神奇木构

被称之为"风情之都"的柳州，不仅有着深厚的历史文化积淀，还有丰富多彩的民族文化，其中侗族的楼闻名遐迩，是因为其是中国传统的木构建筑营造技艺的代表杰作。

岜团桥、程阳桥、马胖鼓楼、和里三王宫及附属建筑人和桥，这些中国木构建筑的瑰宝便坐落在广西三江。2006年，侗族木构建筑营造技艺列入第一批国家级非物质文化遗产代表性项目名录。

风雨桥、寨门、鼓楼、戏台、吊脚楼民居等构成一个个侗族传统村落的木构建筑，无不体现着侗族工匠的智慧和精湛技艺，蕴含着深厚的侗族传统文化及天地人和谐统一的安居理想。

风雨桥：生命通道

初入侗寨，若没有侗族文化常识，很容易迷失在村巷中，不知道从哪里看起。

侗族建筑类型丰富，按照建筑属性分类可分为公共建筑、家居建筑和特殊建筑三类。如果将一个传统侗寨里的建筑都罗列出来，常见的有风雨桥、鼓楼、萨坛、寨门、戏台、民居、井亭、凉亭、禾晾、禾仓等。要学会按其重要程度依次排列，才能解开侗寨的秘密。

侗族好群居，民族凝聚力极强，因此公共建筑较多。这些公共建筑蕴含的文化背景往往是族群情感连接的重要纽带。因此，风雨桥、鼓楼、戏台等公共建筑是一座侗寨最核心的部分。

风雨桥被誉为生命通道，是寨门外最重要的建筑。远望侗寨，首先进入视线的往往是高大的鼓楼。它像一棵巨大的杉树立在村寨的中心位置，是一座侗寨的政治、文化中心。民居围绕着鼓楼修建，如众星拱月一般，鳞次栉比，与戏台、民居、井亭、凉亭、禾晾、禾仓等共同构成自然和谐、生机勃勃的侗族聚落。

侗族风雨桥是廊桥的一种，在侗乡又称花桥、福桥，是一种集桥、廊、亭三者为一体的桥梁建筑，是侗族桥梁建筑艺术的杰作。

侗族地区多河溪，在广西三江，风雨桥很多村寨都有，有的村寨还不只一座。风雨桥是侗寨传统的交通建筑，也是一座村寨的灵魂建筑之一。

在侗族地区，关于风雨桥的起源有这样一个传说。

古时候，侗族人住坡上。在一个只有十来户人家的小侗寨里，有一对夫妻，丈夫名叫布卡，妻子名叫培冠。夫妻俩十分恩爱，形影不离。两人干活回来，一个挑柴牵牛，一个担草扛锄，总是前后相随。妻子培冠长得十分漂亮，夫妻两

岩寨风雨桥

人过桥时，河里的鱼儿也羡慕地跃出水面来看他们。

一天早晨，河水突然猛涨。布卡夫妇急着去西山干活，也顾不了那么多，同时往寨前的小木桥走去。正当他们走到桥中心时，忽然刮来一阵大风，将培冠刮落河中。布卡睁眼一看，妻子不见了，他就一头跳进水里，潜到河底，来回找了几圈都没有找到。乡亲们知道了，也纷纷赶来帮他寻找，可是找了很长时间，还是找不到培冠。原来河深处有一只螃蟹精，把培冠卷进河底的岩洞里去了。

螃蟹洞里，惊魂未定的培冠拼命地挣扎却无法挣脱螃蟹精。突然，螃蟹精变成一个漂亮的后生，要培冠做他的老婆，培冠不依，还打了他一巴掌。螃蟹精马上露出凶相威胁培冠。培冠大哭大骂，哭骂的声音从河底传到上游的一条花龙耳朵里。瞬时风雨交加，浪涛滚滚，只见浪头里现出一条花龙。花龙在水面上飞旋一圈，向河底冲去。顿时，河底"咕噜噜，咕噜噜"的响声不断传来，大旋涡一个接一个飞转不停。后来才得知是花龙在与螃蟹精大战。经过一番厮杀，花龙终于打败螃蟹精，救出了培冠。上岸以后，培冠对布卡说："多亏花龙搭救啊。"大家这才知道是花龙救了她，都很感激花龙。这时，花龙已往上游飞去，还不时向人们点头。

此事很快传遍侗乡。人们将靠近水面的小木桥改建成高大的长廊桥，还在桥的四条中柱刻上花龙的图案，祈祷花龙常在。廊桥建成以后，举行了隆重庆典。这时，天空中突然有彩云飘来，形如长龙，霞光万道。侗族人民认为是花龙回来看望大家，因此，又把这种桥称为回龙桥。

当然，这只是传说，至于侗族风雨桥的历史，由于古代侗族没有文字，因此没有留下相关记载。但可以肯定的是，侗族风雨桥也是从简易木桥，然后不断地吸收汉族等民族先进的木结构营造技艺，融入侗族人的文化理念而不断发展起来的。

据相关专家考证，侗族风雨桥的形成时间约为明末清初。据调查，侗族地区现存明代风雨桥仅有湖南芷江龙津风雨桥。遗存在湘、黔、桂三省（区）侗族地区的古代风雨桥多建于清代。在广西三江，位于今独峒镇的平流赐福桥、华练桥（又名培风桥）、岜团桥，以及位于今林溪镇的程阳桥都始建于清朝末期或民国初年，是广西较早有文字记录的侗族风雨桥。

侗族风雨桥从下往上由桥墩、桥面、廊亭三部分组成。

桥墩一般用大青石围砌，以料石填心。桥墩为六面柱体，上下游均为锐角，以减少洪水的冲击，利于水流通过。

桥面为全木质结构，采用密布式悬臂托架简支梁体系。桥面廊亭，采用榫卯衔接的梁柱连成整体。廊亭木柱间设有坐凳、栏杆，栏外挑出一层风雨檐，以保护桥面和托架，同时又可增强桥的整体美感。

桥架就放在桥墩上面，而桥墩与桥台之间没有任何铆固措施，只凭桥台和桥墩起着架空的承台作用。桥架的设置十分巧妙，比如说三江著名的程阳桥，桥墩上的桥架为木梁伸臂结构，弥补因桥身正梁的杉木长度不足而出现的缺陷，桥墩上用重叠的四排粗壮的杉木组成梁，下面有两排各为九根杉木穿榫连成一体，呈天平形向两边悬挑，每摞一层向两边

华练桥的三层结构

华练桥的桥面结构

挑出一段距离（约两米）；上面两排为每层四根粗且长的杉木，同样用木榫连成一体，架于两个桥墩之间，承受桥梁的主荷载。

造桥时，工匠一般根据河床宽窄情况进行设计，使用自己擅长和喜爱的风格营造。在众多的风雨桥中，以亭楼式的风雨桥居多。这种风雨桥的桥身上建有一个长廊式的建筑，完全遮盖住桥身。长廊顶部竖起多个宝塔式楼阁，楼阁飞檐重叠，少的有三层，多的达五层。桥身庄重巍峨，如巨龙卧江，十分壮观。桥面两侧有精致的栏杆和舒适的长凳，可供人们在桥上避风躲雨和会友、憩息。

风雨桥大多以杉木为主要建筑材料，风格独特，建筑技巧高超。桥梁不用一颗铁钉，只在柱子上凿通无数大小不一的孔眼，以榫衔接，斜穿直套，纵横交错，结构极为精密。桥身以巨木为梁。从石墩起，用巨木结构倒梯形的桥梁，抬拱桥身，使受力点均衡。

石桥墩上建塔、亭，有多层，每层檐角翘起，绘凤雕龙。桥檐瓦梁的末端塑有檐铃，呈丹凤朝阳、鲤鱼跳滩、坐狮含宝形状。正梁顶上塑有双龙抢宝，还配以彩画，点缀其上。顶有宝葫芦、千年鹤等吉祥物。棚顶都盖有坚硬严实的瓦片，凡外露的木质表面都涂有防腐桐油，可久经风雨。

风雨桥的修建是寨中大事，遵循一定的习俗、礼仪。造桥时，寨中每户人家必须有钱出钱、有力出力，不参与者将不被整个村寨所接纳。

比如，始建于民国元年（1912年）的程阳桥，相传是由程阳八个寨的五十位长者组成"首士团"牵头募捐修建，他们发动人们捐钱、捐木、捐粮、捐工，请来"桑罢"（石匠）、"桑美"（木匠），前后花十二年时间，于民国十三年（1924年）建成。其中凿石、备料、砌墩用四年，拉木、架梁用三年，竖亭、盖瓦、装饰用五年。

侗族人民之所以如此费时费力费财去建一座风雨桥，是因为它除了具有交通功能外，还具有祈祥纳福的精神功能。因此，侗族风雨桥在营造的过程中有一套庄重的礼仪。在湘黔桂的侗族地区一直保留着一套传统的建桥文化和仪式流程，通常都要经过选址、砍梁、开工、立柱、上梁、启用等程序。这一套仪式流程主要由掌墨师和寨中德高望众的寨老一起主持完成。这些营造仪式，让营造本身变得神圣，也赋予这座桥以神性，祈祷其能永固，世世代代护佑子民繁衍生息。

风雨桥横卧江上，除了便于寨民通行两岸，在侗族观念中还是沟通阴阳两界的"生命之桥"和护寨纳财的"福桥"，是家园的象征。

因此，侗族人民在建桥之时常将侗族建筑精华元素合为一体，集亭、塔、廊、吊脚楼于一身，且不吝雕琢修饰，让其壮丽辉煌。楼、桥上的各种雕饰图案寄托了侗族人民祈望风调雨顺、五谷丰登的美好愿望。

三江八江镇有一座八江风雨桥，上面有一副对联很能体现侗族群众架桥的理念：

虎踞异山啸鸣武洛添异彩，

龙盘坎位赞噤侗乡出群才。

在侗乡，风雨桥是龙的化身，因此常被称为盘龙桥。在八卦里，坎为水，水为财，龙盘于坎位，当地群众将风雨桥架在村寨下方溪河上，以期盼截拦财气于寨中。

此外，风雨桥还要建在两条山脉相互对接的溪河水口，意为将两条龙脉连接起来，共同护卫山寨。比如程阳八寨中，连接岩寨和平寨的风雨桥便被命名为合龙桥。

八江风雨桥

侗族村寨还十分注重风雨桥边的环境与风景，使之既能装点大好家园，又能在桥内观赏到周围的美好景色。正如三江独峒镇平流赐福桥上石碑记录的一副对联所写的：

　　压江流以扶地脉　一桥飞渡　则见玉垒云间　八贤月朗梁岗日射　郁郁葱葱赐福我村　全助平流戍山　山灵毓秀
　　临山络而焕人文　天堑通途　当如龙盘赋丽　郭老诗豪李春师宏　轰轰烈烈创兴桥梁　纯为侗家众民　播美扬修

　　侗族人民认为每个人都要通过这样的桥来到世上，如果没有这样一座桥，他们就会失去前行的道路，找不到人生的

方向。桥的美丑好坏关系到他们的未来，所以他们把风雨桥修建得富丽堂皇，期待着一是庇佑族人子子孙孙一生坦荡顺畅，二是可以吸引更多的生灵来到寨子里。侗族风雨桥根据装饰的不同又可分为"湖桥"和"花桥"两种。"湖桥"装饰较朴素，"花桥"装饰较华丽。"花桥"桥身油漆彩绘，雕梁画栋，亭阁隽雅。

一般而言，侗族风雨桥外部整体的色彩古朴淡雅，飞檐翘角等处有花、草、凤、鱼等装饰图案。内部装饰则主要以油漆彩绘为主，题材包括侗族生产、生活、节日习俗和民间故事等。

侗族人民还将一些神祇请到桥上。每座风雨桥都有数座塔亭，每一座塔亭下面的空间往往都有神龛，供奉着诸神，逢农历每月初一、十五等，寨民便前往焚香祈福，称为"暖桥"。现在有些地方为了防火，已将风雨桥上的神龛移除，如程阳桥。不过，在程阳八寨，岩寨和大寨交接处还有一座风雨桥叫普济桥，又叫孝庙桥，桥上还保留着关公、文曲星、魁星和土地神等大大小小多个神龛。

风雨桥廊两壁上端，或雕或画有龙蛇、雄狮、蝙蝠、凤凰、麒麟等吉祥之物的图案，或雕刻有各种历史人物，或绘制有神话故事的彩画，古香古色、栩栩如生。三江现存最古老的一座风雨桥——华练桥的塔亭四壁上就有大量的彩绘图案，内容既有出自《三国演义》《西游记》《杨家将》《薛家将》等名著、评书，以及岳飞抗金、鹊桥相会等历史故事和民间神话传说，也有反映侗族人民生产生活的画卷。

　　侗族人民劳动之余、旅行之间，喜欢在风雨桥的廊中休息闲坐。人们在此拉家常、谈庄稼、话世界、唱大歌。侗族人民迎送宾客都以风雨桥为界，风雨桥是其社交的重要地点。每逢盛大节日，外寨亲友来会，全寨人齐集桥头，盛装出迎，唱拦路歌，奉敬客酒，赛芦笙舞，展现出浓郁的民族风情。

　　三江侗乡的风雨桥，经典之作当属程阳桥、岜团桥，这两座始建于清末民初的古桥，均被公布为全国重点文物保护单位。另有近年重建的三江风雨桥，也是当代侗族风雨桥营造的杰作。

　　程阳桥位于三江北面林溪镇程阳八寨景区内，距三江县城 20 公里。这是三江知名度最高、保存最好、规模最大的一座风雨桥，是侗寨风雨桥的代表作。1982 年，程阳桥被公布

程阳桥

为全国重点文物保护单位。

程阳桥位于景区的入口处，横跨林溪河上，为石含章、石井芳、吴金添、吴文魁、莫士祥等侗族著名工匠掌墨营造。

程阳桥始建于1912年，1924年建成，费时12年，是慢工出细活的典范。这座横跨林溪河的木石结构风雨桥，桥面架杉木，铺木板，桥长77.76米，桥道宽3.75米，桥面高11.52米。为石墩木结构楼阁式建筑，两台三墩四孔。墩台上建有5座塔式桥亭和19间桥廊，亭廊相连，浑然一体，犹如羽翼舒展；桥的壁柱、瓦檐雕花刻画，富丽堂皇。整座桥雄伟壮观，气象浑厚，仿佛一道灿烂的彩虹。

程阳桥采用的是中国南方特有的穿斗式组合结构，既有侗族干栏式建筑色彩，又有汉族宫殿式的艺术。5个桥亭集歇山式、攒尖式、亭倚式3种侗族传统建筑的基本造型于一身。亭面上下均为飞角半拱，背面的瓦顶还设有古朴的装饰物，使整座程阳桥既有飞龙腾空之势，又喻风调雨顺、国泰民安之意。

它的惊人之处在于整座桥梁不用一钉一铆，大小条木，凿木相吻，以榫衔接。全部结构，斜穿直套，纵横交错，却一丝不差。桥上两旁还设有长凳供人憩息。游人依桥上长廊四望，可见远山茶田叠翠，河谷阡陌纵横，林溪河蜿蜒其间。河上水车，咿咿呀呀地转动着，灌溉着周围的良田。侗族村寨依山而建，楼台亭阁掩映于山林之中，美不胜收。

1965年10月，时任全国人大常委会副委员长的郭沫若看到程阳桥的模型时，惊叹于其精巧的构造和外观，欣然为其题写桥名"程阳桥"三字，并赋七律一首。诗曰：

艳说林溪风雨桥，桥长廿丈四寻高；

重瓴联阁怡神巧，列砥横流入望遥；

竹木一身坚胜铁，茶林万载苗新苗；

何时得上三江道，学把犁锄事体劳。

如今，由郭沫若题的"程阳桥"三字的牌匾就挂在桥头上，而郭沫若为程阳桥作的诗歌也被镌刻立碑，为程阳桥增添了一份厚重的人文魅力。

现在，程阳桥所在的程阳八寨已被开发为国家 AAAA 级旅游景区。这是广西侗寨中最著名的景区，程阳桥则为该景区中最著名的景点，每年均有成千上万的国内外游客为一睹程阳桥的风采而来。

岜团桥位于三江西北部的独峒镇岜团侗寨，是三江另一座"国宝"级的侗族风雨桥，距三江县城 38 公里，于 2001 年 6 月 25 日被国务院公布为第五批全国重点文物保护单位。

岜团寨建在山间峡谷盆地，依山傍水，清清的苗江河在谷地里流淌。岜团桥就建于寨子下方的苗江河上。

该桥始建于清光绪二十二年（1896 年），建成于清宣统二年（1910 年）。

岜团桥长 50 米，桥台间距为 30.14 米，二台一墩，两孔三亭，结构形式与程阳桥相似，不同之处是在人走的长廊下另设畜行道小桥，成为双层木桥，两层高差为 1.5 米。它在木桥立体功能分工方面属国内外首创，与现代的双层立交桥有异曲同工之妙，被誉为"古今中外，独一无二"的民间桥梁建筑的典范。

至于这座桥的营建，在当地还流传着一个传奇故事。

岜团寨有一位漂亮的侗妹，来自本寨的一名工匠和外寨的一名工匠同时看上了她。侗妹见两人都很优秀，一时也左右为难。于是，两名工匠决定各献技艺，比试定高下。比什么呢？当时岜团寨正好缺一座风雨桥，两人决定比修桥。两名木匠各自从河的一头开始修建，直到中间桥墩合龙，再由村里的长者评定高低。最后还是本地的木匠技高一筹，娶走了那位侗妹。

当然，这个传说的真伪已无从考证，但事实上岜团桥确实如传说中的那样由两位工匠所建。这两位工匠分别是来自岜团、平流两寨的吴金添、石含章。

两位工匠各从一头建起。建桥时他们没有图纸，也不用一颗铁钉，只用几根竹签作测量工具，整座桥的结构全凭记忆。一人从左边建，另一人从右边造，各有风格，最后却在中间天衣无缝地连接起来，令人称奇。

该桥造型庄重典雅，结构独特，亭阁的瓦檐层叠，檐角高翘，具有浓厚的民族特色和强烈的艺术感染力，是侗族建筑艺术的珍品。

岜团桥的设计很注重利用地势，桥的西岸只有一条南向通道，而东岸向东、向北各有一条巷道，工匠们就在东岸桥头置两个出入口，并设桥阁加强入口管理。桥西岸的出入口

邑团桥

扫码看视频

与道路方向呈 80 度转角，前置桥门牌坊。廊桥奇伟，曲径通幽，让人流连忘返。现村人又在寨子对岸最佳观景处建起了两层的观景长廊，方便游客观景、休憩。

此外，邑团桥内桥面上的设置之人性化也十分让人称道。桥面两侧设置有多层休息空间，既有可坐的长椅，又有可躺着休息或置物的空间。尤其值得一提的是桥上还设有"幼儿园"。桥阁处设有围栏，以方便寨民寄放幼儿。有时农活忙碌，人手不足，而一上山又很久才能返回，家中幼儿无人看管，寨民便把幼儿寄放在桥上，旁边放上食物和衣物，让守桥人

神奇木构

53

邑团桥廊上结构

代为看管，让路过的村民代为喂饭。

如今，邑团桥已成为除程阳桥外又一座令人向往的侗乡风雨桥。

三江风雨桥位于三江县城，最早修建于 1916 年，后在原基础上重建。

2009 年 9 月，三江风雨桥水泥结构部分竣工并通车。2010 年 3 月，三江风雨桥木构部分施工，共费木材料 1800 多立方米。2010 年 12 月底三江风雨桥竣工。

三江风雨桥为现代钢筋混凝土拱桥，桥面建筑全部采用木结构，外形由 7 座大型桥亭加上桥两侧走廊组合而成。中心桥亭和两侧桥亭造型各异，集合了六角攒尖、八角攒尖、重檐歇山等屋顶的样式。桥全长 368 米，宽 16 米，最高的桥亭有 18 米高。

三江风雨桥建筑是近十年来最有特色的大型风雨桥，是现代车辆交通需求与传统木构建筑相结合的成功案例，是近十年来最能体现侗族木构建筑营造技艺当代水平的项目。其创新和技术难度体现在桥亭横梁跨度的突破。要撑起一个巨大的屋顶，必须有大跨度的横梁，这一组桥亭在建造中大量采用了双横梁的做法，以解决大跨度和重力承受的问题。

车行桥上，瞬间置身杉木丛林和侗族传统文化空间，仿似穿越时空；人行廊道，行在重重巨木里，可饱览融江两岸秀美风光，享受悠闲时光。时有孩童上学或返家，三三两两，鲜艳的校服、鲜活的面孔由远及近，在层层的柱廊中跃动而来，呈现出生命的活力。这是摄影师最爱的场景。

参加该项目建设的工匠都颇有名气，有杨似玉、吴承惠、杨念陆、杨玉吉、吴大明等七位掌墨师，其中有国家级非物质文化遗产代表性传承人，以及自治区级和县级代表性传承人，每位掌墨师主持一座桥亭的建造。体量空前的桥亭对所有的掌墨师都是一个巨大的挑战。它们与廊桥的完美融合也是所有工匠集体创新和精湛技艺的体现。

这座集侗族木构建筑精华于一体的多功能风雨桥，和"侗乡第一鼓楼"——三江鼓楼遥相呼应。它通过民族特色旅游商业步行街——月亮街和侗乡大道，与世界最大的单体木构建筑"侗乡鸟巢"斗牛场连成一片，构成三江县城最经典的黄金旅游圈，成为三江的标志和名片。

鼓楼：家园之树

　　如果是一座传统的、保存相对完整的侗寨，要经过寨门才能进入。

　　侗寨往往地处深山老林，为防外敌侵袭和野兽侵扰，寨门作为隔开村寨和野外的建筑，十分有必要。寨门是侗寨的公共木结构建筑，立于寨子出入口处，是村寨的标志，也是侗寨迎来送往的礼仪之门。

　　过了寨门，就是侗寨。侗寨中最引人注目的往往是高大的鼓楼。

　　鼓楼是侗乡另一个标志性建筑，流行于湘、黔、桂三省（区）的侗族地区。在此区域，只有侗寨才有鼓楼，凡有鼓楼必为侗寨。

　　座座鼓楼高耸于侗寨之中，巍然挺立，气势雄伟。飞阁垂檐层层而上呈宝塔形。瓦檐上彩绘或雕塑着山水、花卉、龙凤、飞鸟和古装人物，云腾雾绕，五彩缤纷，十分壮观。

　　在侗寨，风雨桥卧于江上，是生命的通道，偏阴性；鼓楼则于坡地拔地而起，具有强烈的雄性特征，像一棵参天的"家园树"，守住侗寨，为侗族的子民遮风挡雨。

关于鼓楼的起源，有多种传说，但最被侗族人民广为接受的是杉树之说。

传说在很久很久以前，人间还没有村寨，人们在树上搭巢而居。江岸边有一棵杉树，长得又高又大，树叶十分茂密。树蔸（树干接近树根的部分）十个人牵手去围也围不住。树枝水桶一样粗，密密麻麻，层层而上，伸展出去很宽，有九层，可以铺草睡人。树枝伸展到的地方，地上都不长草，冬天有暖气散发，夏天有凉风吹拂。很多人居住在树上。居住在其他树上的人们，也到这棵树下来聚会娱乐。人们打到大的野兽，也喜欢在树下生火，围着篝火，烤肉来吃，边吃边唱歌跳舞。

可是有一年，由于洪水暴涨，把大杉树淹死了，树倒下了，人们没有了聚会娱乐的地方。老人们便召集大伙，一起肩抬藤拉，硬把大杉树拉到一个地势较高的宽敞的平地上。人们在平地中间挖了个大大的深坑，把树蔸插入坑里，然后拉的拉，撑的撑，把大树慢慢竖立起来，填上土，大树立稳了。人们在顶层树枝上盖上茅草树皮，杉树又可以住人了，人们又有地方聚会娱乐了。

后来，人们围着这棵大杉树，采用同样的方法，盖起了很多小木楼。这样，人间就开始有了村寨。人们把用大杉树盖起的木楼称为"堂瓦"（公共聚会之所），而把周围的小木楼称为"共"（鸟巢之意）和"百"（堆垒之意）。后来，不知过了多少代人，又把"堂瓦"称为"楼"，把"共"和"百"称为"栏"。

平寨独柱鼓楼夜景

这个传说与侗族的先民越人僚人巢居的记载不谋而合。关于中国南方古代民族的巢居，古文献中亦多有记载。西晋张华所著《博物志》中有"南越巢居"，《魏书》中有僚人"依树积木，以居其上，名曰'干兰（一作栏）'"。可见如今侗族人居住的干栏建筑的起源是从"依树积木"开始的，而鼓楼正是其模仿杉树的形态所建。

　　明代邝露所著《赤雅》中有罗汉楼的记载："以大（一作巨）木一株，埋地作独脚楼，高百尺，烧五色瓦覆之，望之若锦鳞矣。"罗汉楼之"罗汉"应即今侗语称男青年为"腊汉"的谐音。这段记载中的罗汉楼，与侗族地区如今仍能看到的少数形式古老的"独柱楼"极为相似。

　　因此，可以说，侗族鼓楼就是侗族人民的"家园树"，护佑着村寨平安，护佑着寨民繁衍生息。

　　这样的独柱鼓楼现在在贵州的述洞及广西三江的高定侗寨、平寨仍可看到。

　　灵感源于杉树形态的鼓楼，可以说是侗族人的天才创造。

　　鼓楼从其造型样式来分，可分为塔式鼓楼、干栏式鼓楼、楼阁式鼓楼、门阙式鼓楼四种类型；从檐层的间距来分，可分为密檐式和疏檐式两种类型；从顶部结构来分，可分为悬山顶、歇山顶、攒尖顶三种类型。各种类型的鼓楼，不管其高矮、大小如何，一般都遵循一些共同的建筑理念和规律。

　　鼓楼的平面均为偶数，多为正方形、六边形、八边形。鼓楼的立面均为奇数重檐，矮小的为三层、五层，高大的则在七层以上，从上而下，一层比一层大，极为壮观。重檐上均有翘角。檐板上绘有龙凤鸟兽、古今人物、花草鱼虫以及侗族生活风俗画，玲珑雅致，五彩缤纷。

鼓楼的内部结构，除独柱楼以单根粗大的杉木做主承柱外，多数的鼓楼均以四根粗大的杉木为主承柱，从地面直通楼顶。主承柱之间用穿枋连接檐柱，檐柱的不同排列，构成不同的平面。同时，利用逐层内收的梁枋和设置的檐柱、瓜柱作支撑，层层挑出楼檐，从而构成自下而上、逐层内收的横穿直套的枋柱网。

鼓楼内部为中空结构，底部多呈方形，四周置有木质长凳，中间有一圆形大火塘，有全敞开式的、半封闭式的，也有全封闭式的。

鼓楼皆以优质杉木凿榫衔接顶梁柱拔地凌空直达顶层，穿枋纵横交错、上下吻合，采用杠杆原理，层层支撑而上。鼓楼通体全是木质结构，不用一钉一铆。这种楼是在干栏建筑基础上发展起来的，它承袭古代越人的"巢居""积木而居"的习俗，结构严密坚固，可数百年不朽不斜。林溪镇冠小屯鼓楼据说建于明万历年间，重建于清咸丰年间，凡七层，底三层为正方形，上四层为六边形，中华人民共和国成立后，因建防火线需要，曾以杠杆作整楼移址搬迁两次，毫无缺损，现仍然耸立于村寨中心。

从鼓堂往上望，鼓楼的内部形态如八卦阵般错综复杂、千变万化。两座外形相似的鼓楼内部可能差别很大，主要在层叠的檐柱的位置与主柱衔接的变化上。

一般侗族村寨都有一座鼓楼，较大的村寨一个族姓一座。比如广西三江鼓楼最多的寨子高定侗寨，有六个姓氏七座鼓楼。在鼓楼群中，最为著名的是一座有十三层檐瓴的独柱鼓楼。整座鼓楼只有一根主柱，直径约 80 厘米，主柱上八根呈放射状的横梁与鼓楼四周的八根边柱相连，十分巧妙。

在三江唯有的两座独柱鼓楼里，最高大的是由侗族木构建筑营造技艺代表性传承人杨求诗掌墨的平寨独柱鼓楼，高十七层。

为了在较大跨度要求下实现独柱结构形式，杨求诗在借鉴贵州述洞鼓楼结构的基础上，融合了当地常见的四边"回"字形鼓楼的做法，创造性地加入四根主柱，并通过连接中柱与边柱的抬护将其抬起。如此一来，既可以缩减纵横构件的跨度，又可以减少中柱上的卯口数量。人站在鼓楼内部看，笔直粗壮的中柱直伸顶端，上部放射状伸出的构件层层交错，下部空间开阔敞亮，整体结构宛如一棵高耸挺拔的大杉树，给人以气势磅礴之感。

与贵州、湖南两省侗寨中的鼓楼建筑相比，三江侗族自治县鼓楼建筑在体量上略小一些，在结构上相对灵活，以穿斗式和抬梁式混合为主，部分鼓楼有干栏式建筑特点。这一风格与邻近的湖南通道侗族自治县的坪坦、陇城等乡镇的建筑风格接近。

鼓楼在侗寨中的地位非同寻常。鼓楼是一座村寨的"寨胆"，是一座侗寨的政治、文化中心。因此，要营建一座侗

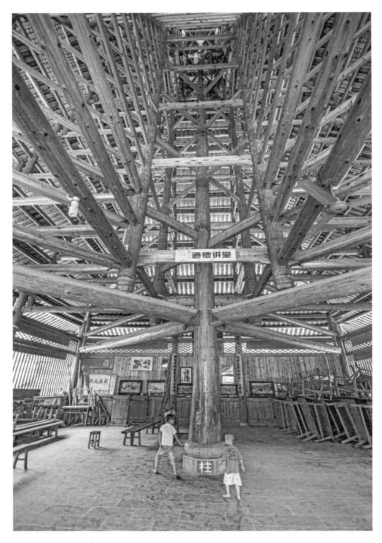

平寨独柱鼓楼内部

寨，首先要确定鼓楼的位置，而要了解一座侗寨，也要从鼓楼开始。

古时候，侗族村寨对鼓楼的选址十分重视。过去，是选择以鸭鹅孵蛋的"巢"为鼓楼地址的中心点。后来，则通过卜卦来确定。

修建鼓楼如修建风雨桥一样，是每个村寨最重大的工程，耗资巨大，常常是举全村之力，历数年才建成。侗族鼓楼在整体上看便是一根神圣的文化柱，但其前身却只是一棵大树或一根大木柱，这一点在今天侗族的习俗中仍可看到痕迹。侗族人立寨必先立鼓楼，如果是一时财力、物力和人力做不到，也须先移植一棵杉树或立一根杉木柱子以作鼓楼之替身。

新修建或者重修鼓楼，要选粮食收获好的年成，再选择好日子开工。经过差不多一两年左右的时间准备木材等材料，才开始动工。修建鼓楼是全寨的大事，全体村民都要参与，除了必要的人均（或户均）出资外，修建时期有钱出钱、有力出力。

侗族认为参与修建鼓楼是非常荣耀的事，大家都自觉积极参加。鼓楼的掌墨师傅，是鼓楼的总工程师。一般情况下，掌墨师傅不主持自己村寨鼓楼的修建，而由异地师傅主持，这是传统习俗。不过现在也有例外，比如三江平岩村岩寨鼓楼就是岩寨工匠杨求诗掌墨营造的。

建造鼓楼的主要大梁柱、照面枋，是经过族中有威望的长辈选定的，要木材优良、粗大，高度均匀，树龄古老方可作为鼓楼建造用材。未伐先标记，其他用材不得取用，谓之

"侗家长者选良材，村寨平安出人才"。

鼓楼建筑最常见的系木质的四柱贯顶，多柱支架八角密檐塔式结构。神奇的建筑师凭一根丈杆，一支笔，错综复杂的金瓜梁枋、斗拱支柱，以杉木开槽穿榫衔接而成，不用一钉一铆，衔接无隙，丝毫不差。顶梁柱拔地凌空，排枋纵横交错，上下吻合，利用杠杆原理，层层支撑而上。结构严密坚固，可数百年不朽不斜不倒。

更为罕见的是神奇的独柱鼓楼。如由杨求诗掌墨的平寨独柱鼓楼，为了解决承托主柱的4根抬护承受较大荷载，长此以往难免会被压弯的问题，掌墨师弹墨时，故意在主柱落脚处把墨线向上抬起7厘米，分两次弹墨；制作构件时，按照墨线把抬护上、下面修成向上微拱的形状，使主柱支撑点不至于因受重压而向下弯曲变形。类似的做法还有中间8根穿过中柱的相互交错的挑枋，每根挑枋两端均抬起7厘米，修成向上弯曲的形状，两端分别连接成对角的主柱。其作用是"挑"起4根主柱，从而减轻下部荷载并连接锁紧框架，使结构更为稳固。

目前在三江除了独峒镇的高定寨独柱鼓楼外，就只有平寨鼓楼采用了独柱的形式。

为了装饰、防腐，人们还在鼓楼的檐额上抹粉描绘或用白灰泥塑成龙凤鸟兽、古今人物以及侗族生活风情的装饰图案，琳琅满目、栩栩如生，形式生动活泼、内容丰富多彩，充分表现了侗族能工巧匠建筑技艺的高超。

建造鼓楼与建造风雨桥一样，要经历选址、砍梁、开工、立柱、上梁、启用等重要仪式。

选址要听从地理先生的意见。侗族的风水观是汉文化中的风水文化与侗文化中万物崇拜文化的结合。

砍梁木也要请地理先生看好日子之后，由寨子中四代同堂或三代同堂的人家出人员去砍梁木，男女不限。在把梁抬回来时梁不能落地。备料砍树一般是农历十月以后，这时天气比较干燥，雨水较少。木料抬回来以后放几个月到一年时间自然阴干。

开工仪式由掌墨师主持。在这个仪式上通过祭拜鲁班祖师、老祖先及历代匠师，以祈祷全寨老老少少平安。

2006年，良口乡和里村欧阳鼓楼第一主柱被抬出山口

神奇木构

在开工仪式过后，家家户户拿出自家准备的美食，在寨子中举行百家宴。这既是预祝鼓楼建造顺利，也是对掌墨师的尊敬和感谢。当掌墨师是自家人时，因为鼓楼是公共建筑，掌墨师也不能收费。比如在营造岩寨新鼓楼时，历时两年多，掌墨师杨求诗作为岩寨人也是义务打工。

立柱仪式是鼓楼建造过程中比较重要的一个仪式。立柱仪式同样也是由地理先生看好日子，之后按照既定的时辰进行。掌墨师同开工仪式一样做完请先师礼仪，接着执公鸡念祭词，然后动斧杀鸡并将鸡血染在中柱上，之后便是鸣炮庆祝进行立柱。

建造鼓楼最重要的仪式是上梁仪式。上梁仪式包括发梁木、上梁、踩梁、抛梁等过程。每个程序都有一定的祭礼，都要严格执行（详见下文"薪火相传"）。

鼓楼，顾名思义，必定有鼓置于其中，且鼓扮演着重要的角色。侗寨鼓楼的鼓常以桦树挖空作身，再以牛皮蒙头，置于楼中二层或顶层。这鼓非寻常鼓，是不能随便敲的。

过去，侗族地区处在一种"款组织"（类似原始议会组织）的统治之下。凡村寨有事，诸如推选村寨间"联款"的头人、缔结"款约"的条规、商议保护春播秋收事宜、对外交涉事宜、调解群众纠纷、处罚犯规者等活动，都要击鼓聚会，由寨老主持鼓楼议事会商定。因此，此鼓又被称之为款鼓。

于是，鼓楼成了聚众议事的会场，宣讲习惯法规的讲堂，执行规约的法庭。通过鼓楼议事会决定的事项或条规，或写

高定鼓楼群

扫码看视频

于木板上挂在鼓楼柱头，或刻成石碑立于鼓楼坪上或交通要道，让众人明了，严格遵守。

在历史上动荡不安的岁月，一旦外敌来犯，即由寨中"款脚"（侗族"款组织"中的传号令者）登楼击鼓报警，传递信息。听到款鼓响，每家壮丁必须立即自备武器，迅速集中到鼓楼，在寨老的带领下共同抵御外来势力侵袭。

平时，则召集青年男子在鼓楼坪操练武艺，防范来敌。鼓楼就是一个武装人员的集会场和战时指挥部。这或许就是侗族人又称鼓楼为"寨胆"的由来。在三江程阳八寨之马鞍鼓楼还留有这样一副对联——"楼矗寨中聚众而乐，鼓置梁下遇事则鸣"，将鼓楼之于侗族村屯的重要意义言之甚明。

不过，自新中国成立以后，清除了土匪，国泰民安，鼓楼的军事功能也随之消失了。现在三江多数的鼓楼已经没有鼓。

此外，鼓楼还是祭"萨"的重要场所，以及村寨联欢、文化传播的舞台。

萨岁、萨玛是侗族崇拜的至高无上的祖母神、保护神。侗族谚语说："未置鼓楼先置萨坛，未置寨门先置萨屋。"可见，一个侗寨的营造，要先确定萨坛的位置才置鼓楼。

每逢萨神诞辰，或年节，或村寨有重大活动，寨老和"登萨"（专管萨坛者）都要带领七男七女将萨神请到鼓楼，与众人共庆，在鼓楼坪举行祭祀萨神的庆典活动，祈求风调雨顺、人畜两旺。

在现代教育还没有传入侗族社会以前，男青年取大名要在鼓楼举行命名仪式，故称鼓楼名。凡年满60岁的老人或虽不满六旬却受寨民拥戴的老人正常去世，都要在鼓楼举行隆重葬礼，以示追悼亡灵。

侗族村寨之间的交往活动较频繁，除了集体走访活动以外，还有秋收后相互间的邀约斗牛、赛芦笙，年节期间各寨侗戏班的巡回演出等社交活动都与鼓楼相关。由于村寨集体

高定鼓楼前的侗族百家宴

走访队伍的到来和离去，鼓楼成了迎来送往的客厅，以及主寨和客寨的青年男女对唱鼓楼大歌的歌堂。凡邀约斗牛、赛芦笙、演侗戏等事宜，都要事前将消息报到鼓楼，通过鼓楼的媒介作用家喻户晓，通知人准时出席。现在，每年逢旅游旺季，有朋自远方来，好客的侗族人民还常在戏台和鼓楼坪上联欢，摆起百家宴宴客，共享丰年。

　　1945年暮春，在姜玉笙所撰的《平流北楼记》中，记叙了独峒镇平流鼓楼的壮景和鼓楼文化活动。文中写道：

神奇木构

踞其中以望，凡山之高，云之浮，溪之流，鸟之语，花之香，兽之走，鱼之游，以极万类；举熙熙然回巧献技，无一不目悦耳娱，心旷神怡。每盛夏高秋，无少长，辄科头赤脚，成集于斯，或手挥丝桐，或口吹芦管，歌者歌，舞者舞，浴者浴，风者风，皞皞乎如无怀葛天之民。以兹楼之胜，若致之京津沪汉，则贵游者当不知如何毂击肩摩、争先快览也！

鼓楼还是"侗款"普及的课堂。过去，在侗族地区有"三月约青，九月约黄"的习俗。即是说，定时的"讲款"，每年起码要进行两次：农历三月秧青春种和农历九月稻黄秋收时。平时，在鼓楼，长者也会通过讲故事、唱叙事大歌等方式，将传统文化知识教给晚辈，让他们了解本民族及本地方的历史，使他们从小懂得做人的道理和生产劳动的常识。

秋收以后，匠人们喜欢到鼓楼去做活，人们可从芦笙师那里学到芦笙的构造原理和吹奏技巧，可从编织大师那里学到藤编、竹编和草编的技能。这里还是歌师和戏师教传唱本的地方，所有爱好者都可学到自己需要的知识。

在历史发展进程中，侗族通过生产生活、社会交往及与大自然的斗争，创造了自己独特的民族文化，形成了强烈的民族归属感和认同感。这种归属感和认同感构成了侗族自我意识的主要内容。鼓楼及其一系列有关的民俗，是同族群体意识和民族意识的突出标志。

以鼓楼为核心，不仅与风雨桥、石板路、凉亭、禾架、鱼塘等相互映衬，构成一幅幅静态的具有浓郁特色的侗乡风

鼓楼前的"讲款"活动

情画卷，而且与讲款、祭萨、踩歌堂、唱大歌等民俗事项紧密联系，形成了一种既动又静的独特的文化模式。

传统的侗寨鼓楼结构精巧，这些熟谙侗族历史文化、民族文化的掌墨师还会巧妙地将各种侗文化元素融入鼓楼的构建中去。

通常来说，侗族鼓楼中的四根主要支撑的主柱象征着四方和四季，十二根衬柱象征十二个月份。侗族人建鼓楼在符号象征的意义上取象于杉树，还有取其生命力旺盛的象征含义。老杉树倒了之后，在其根部又会源源不断地发出新的树苗，并且越发越多，以至成片成林，这对于将鼓楼视为宗族标志的侗族来说，其象征意义是再好不过的了。

除了杉树，龙、鱼窝等也是侗族鼓楼的象征。古代越人

神奇木构

是以龙蛇为主要图腾的民族，断发文身、划龙舟等习俗就是这种图腾文化的现象。这种文化记忆也自然而然地融入他们的艺术创造中。侗寨从选址、布局和重要公共建筑的营造无不体现这一龙蛇文化。风水、民居、寨门、风雨桥等无不与龙的喻象有关。如果说风雨桥是一条卧龙，那鼓楼就是一条盘龙，特别在高空俯视的时候更具体生动。层檐瓦片仿佛是巨龙身上的鳞片，造型复杂多变的塔顶就是龙头，下大上小的鼓楼看起来就是一条盘卧着的龙守护着村寨。

鱼窝是壮侗民族的捕鱼工具，一般用竹篾编成，呈一头宽一头窄中空的圆柱形，立起后形似鼓楼。南方水系纵横，捕鱼在古越人生活中占有重要的位置。侗乡人家寨内寨外都有许多水塘用于养鱼，还在稻田里养鱼。侗族人在祭祀祖先时最重要的祭品也是鱼。鱼除了日常食用、祭祖，制作成的酸鱼也是每家用以宴客的佳肴。鼓楼的选址常是风水学中所谓"龙穴"之所在，古代人们认为用鼓楼这个"鱼窝"罩住"龙穴"，就是罩住这个地方的福气、宝气，让它能如太阳一样给侗寨带来生机。

侗族鼓楼的顶端部分建筑，是借用汉族建筑中的宫殿亭塔的式样，这是汉侗文化交流的结果。鼓楼身上的雕塑、绘画、纹饰、楹联等，也是鼓楼身上的一种表层的文化符号体系。它有机地融合了堂、楼、屋、亭、塔、阁、殿、杉树、龙、鱼窝、仙鹤、村寨等形象。在综合这些形象的同时，侗族的鼓楼建筑匠师也有意无意地运用着这些形象所具有的象征含义，由此创造出这么一种立体的多层次的建筑文化。

鼓楼一般只有老年男子进入，村寨有活动时，女人才进鼓楼，但她们会为鼓楼捐赠自己制作的侗布，绣上自己的名字，悬挂或缠绕在梁柱上，以示敬重。

在三江侗乡，侗族鼓楼的经典之作当属始建于民国时期的马胖鼓楼。此外，位于三江县城，建于当代的三江鼓楼，也是侗族鼓楼建筑的杰作。

马胖鼓楼位于广西三江侗族自治县八江镇马胖村，距县城26公里。1963年2月被公布为广西壮族自治区级文物保护单位。2006年被公布为全国重点文物保护单位。这是广西唯一被列为"国宝"的鼓楼。

马胖鼓楼始建于1928年，重建于1943年。楼呈宝塔形，由4根长13米、腰围近2米的大杉木组成长方形支柱，外加小柱和飞檐，层层叠穿而成。楼高15米，长、宽各11米，共9层。层层叠架，重瓴飞檐，如雄鹰展翅。楼檐雕龙绘凤，画花饰锦，细致精美。楼顶尖处，塑有象征吉祥的千年鹤。除4根象征四季平安的高大主柱之外，在主柱构成的正方形对角和边线的延长线上，还有24根粗大的也呈正方形排列的边柱。28根柱子的垫台，都是用上等青石制成，并刻有生动形象的图案。该楼像一座壮丽的宫殿，全用杉木凿榫衔接。

修建此楼的工匠雷文兴是一位多才多艺的侗族建筑师，他在既无图纸，又无计算仪器的条件下，用一把曲尺、一杆竹笔，在用半边竹竿做成的"丈杆"上绘图。经师徒12人精心设计，精心施工，使从不同角度向主柱和边柱斜穿直套的

神奇木构

73

马胖鼓楼

卯眼和榫头分毫不差，充分体现了侗族建筑艺术的高超。

现在，马胖鼓楼外面有石板铺垫的鼓楼坪，左侧还竖有清光绪二十三年（1897 年）马胖村村规民约石碑一块。鼓楼对面的戏台早些年已经倾颓，现新戏台已由本村工匠吴保雄营造完成。

三江鼓楼，位于三江县城多耶广场，于 2002 年 11 月由当地著名的侗族民间工匠杨似玉为首的民间楼桥师傅队伍携手建造而成，集文化、观赏、旅游等多项功能于一体。三江鼓楼是目前全木结构鼓楼中体量最大、建筑部件最多、内部结构最复杂的鼓楼。

该建筑高 42.6 米，占地面积 600 平方米，落地柱子 60 根，柱子为3圈，改变了"回"字形2圈鼓楼柱子布局的特色，中心4根柱子直径均超过70厘米。这4根杉木主柱中的第一主柱树龄208年，胸径85厘米，长27米；第二主柱树龄206年；第三、第四主柱树龄也在百年以上。这在鼓楼建筑史上是很少见的。

鼓楼内部由楼梯盘旋而上，可以到达建筑顶部，而且内部空间巨大，外部共有27层重檐，逐层缩小，造型美观，是鼓楼建筑创新的经典。

鼓楼在设计上取众鼓楼之长，独具特色，共设计有4层观礼台，最高一层观礼台位于25层。在鼓楼的基座石上，雕刻有反映侗族抢花炮、踩歌堂、打油茶、斗鸡斗鸟、养蚕织布等日常生活场景的浮雕，画面栩栩如生，乡土气息浓郁，处处展现出侗族的历史文化和侗族工匠的建筑技艺。

该建筑虽然是在2006年之前建造的，但在观念上和技术上均是杰出的侗族建筑代表，也是侗族木构建筑营造技艺在当代精彩的演绎之作。

戏台：文娱中心

　　位于侗寨中心位置的除了鼓楼、萨坛，往往还有戏台。

　　戏台是侗寨中重要的公共建筑，几乎每个村寨都有，传统的戏台多为干栏式支撑、穿斗式建筑结构，屋顶以歇山式为主，一般处于村寨中心位置，与鼓楼、鼓楼坪紧密结合，是村寨中的娱乐和活动中心，也有少数戏台设于鼓楼广场的侧面，如程阳八寨中马鞍寨的戏台。

　　戏台又称戏楼，是侗族人演桂剧、侗戏的场所。过去，桂剧在侗族地区很流行，比如在三江和里村，几乎村村都有人能唱侗戏、桂剧，至今依然。侗戏是一种具有独特风格的剧种，产生于清嘉庆、道光年间，历史仅有百余年，因此戏台也是较新的建筑类型。

　　侗族戏台也是用杉木榫接穿斗建成的，楼面或盖杉树皮，或盖小青瓦。戏台多利用鼓楼坪（也称"耶坪"）的场地，满足看戏的场地要求，因此戏台布置常在鼓楼对面或旁边。

　　就形式来说，侗族戏台主要有两类，一种是独立式戏台，另一种是组合式戏台。前者是指它本身仅具备演戏的条件，而后者是指它除了供演戏使用以外，还具有其他多种用途，是一个建筑综合体。比如有些侗寨，限于地方局促，有些戏台是跟鼓楼结合成一体建设，将鼓楼堂变成了舞台，称戏台楼。三江林略侗寨曾有一座有名的戏台楼，可惜 2009 年被火所毁。三江和里村有一座杨氏鼓楼为近年所新建，采用的也是这种戏台楼的模式。

三江多数侗族村寨均建有戏台，大的村寨建有多座，比如良口乡南寨村就有五座戏台。

戏台造型与侗族民居类似，是一种吊脚楼式的木结构建筑，楼台离地近两米，前敞后封，后台墙壁留有两个边门，供演员出入台用。

戏台台面长十三四米，深七八米，台前额枋檐板饰有龙凤呈祥、人物、花鸟虫鱼等五颜六色的木雕彩绘。

前台柱写有对联、诗词，瓦脊中央翘角上塑有二龙抢宝、仙鹤灵立等彩塑。

侗寨戏台常融建筑、彩绘、雕塑、诗词于一体，因此显得玲珑、别致、秀美。逢年过节时，村寨和社区里的男女老幼，往往身着节日盛装云集在戏楼前的鼓楼坪上吹笙、多耶、唱歌、演戏、迎宾送客，喜气洋洋。

三江的著名景区程阳八寨内也有许多戏台。马鞍寨戏台位于鼓楼坪左侧，是三重檐的歇山式木结构戏台。台口正面上方有黑底金字匾，匾上写着"莺歌燕舞"，两侧是红底金字木刻对联："民间侗戏金汉另娓赞遍侗乡，侗族大歌多声多部誉满天下。"

三江岩寨的戏台，则与高大的鼓楼正面相对。鼓楼和戏台之间坪地宽敞，中心用黑色小卵石铺砌出一圆形方孔的铜

马鞍寨中心位置的戏台

钱形纹样。岩寨的戏台宽敞高大，三重檐而顶层为斗拱繁复的歇山式，原木色，很气派。

一般说来，一个侗寨有一个戏台，可是在三江良口乡有500户2000多人的南寨村，其鼓楼四周竟然有三个戏台，加上原来废弃的两个，五座戏台分布村中。这是三江侗寨中戏台最多的一个寨子。

南寨村侗族文化底蕴相当深厚，是国家级非物质文化遗产代表性项目侗戏的传承基地，村里每年举办的民俗活动丰富多彩，加上和里三王宫景点的辐射带动，到南寨村来旅游的各地游客源源不断。

可以说，不同的侗寨，戏台也承载或传播着不同的村寨文化。这从台口对联便可见一斑。

在戏台众多的三江侗乡，台口对联也是可欣赏的文化景观。如洋溪乡的培吉寨、林溪镇的岩寨将寨名作为藏头。

培吉寨戏台联曰：培养道德人才寓娱乐而催化，吉纳宝华地利借舞台作庆祝。

岩寨戏台前，两侧木刻对联为：寨地源泉雪碧净饮用天然矿泉长生百岁福，岩景山川添锦绣起伏山坡披襟竹木绿色装。横批：千年侗寨妙奇侗乡优雅山庄貌全完美。

独峒镇高亚村有石牛泉，水甘甜，以之酿酒亦醇香爽口，该村戏台联便就此成文：高北石牛泉风物雄天下，亚南侗族戏娱乐赛神仙。

良口乡和里村三王宫戏台也有联曰：为将相为公侯举止行藏劝世人立功立德，作忠良作奸佞声音笑貌醒当时谁是谁非。

也有以著名剧目《秦娘梅》为藏头联的，如"娘子恃情深先鬼后治鬼，梅花斗雪放后春先报春"。

直到今天，建戏台、唱侗戏仍是村民眼中的大事。新戏台落成，附近村屯群众必以唱侗戏、对山歌、多耶、百家宴、芦笙踩堂等方式进行庆祝。逢年过节，各侗寨也常有侗戏等活动表演。例如，侗家有唱"月也戏"的习俗，即以唱侗戏为主要平台，同时开展多种民间文化交流的集体社交活动，

岩寨戏台的演出活动

一般在农历的正月开展。其主要活动形式为甲寨到乙寨去演唱侗戏，两个寨对唱侗族大歌，男女青年交友，老年人走亲访友等。

此外，在良口乡和里村三王宫，每年逢农历二月初五庙会日必在三王宫戏台唱侗戏、桂剧。

在三江的戏台上经常唱的侗戏传统剧目有《珠郎娘美》《李旦凤娇》《金俊与娘瑞》《吴勉王》等，内容相当广泛，涉及政治、经济、文化、道德，既有侗族题材，也有汉族、壮族、苗族及其他民族的题材。近年以来，更有一批新创作的侗戏，宣政策，说美德，演绎新时代的故事。

近些年来，各级政府开始充分认识到戏台对村民文化建设的重要意义，三江侗族自治县也把每个村寨的戏台建设作为村民文化建设的重点，新戏台不断修建，旧戏台也得到修缮。三江各旅游区在传统剧目的基础上，不断推出新剧目，吸引游客前往体验，各级政府也不断利用戏台开展政策宣传活动，传统的侗寨戏台正焕发着新的时代光彩。

在侗乡，除了风雨桥、鼓楼、戏台等重要的公共建筑之外，还有一些与侗族人生活息息相关的公共设施、公共建筑，如水井、井亭、凉亭等。

水是生命之源，侗族人十分重视水井的建设和保护，侗寨里常可遇见大小水井，以及保护水井，供路人休息、遮风避雨的井亭。

侗族人崇尚自然，爱喝山泉水、井水，常将饮用水和其他生产、生活用水分开，因此建村立寨除了依山傍水的标准外，还会选择有条件打水井的地方。寨中常有多处水井，以便于寨民就近打水。

在侗寨的石板路两旁，常有一些形状各异的石井，供行人解渴饮用。常见的有瓢井、磨盘井、圆角井、四方井、长井、葫芦井、鸽笼井、闷筒井、飞瀑井等。井边还有竹瓢或小碗，供行人舀水饮用。

明代以后，侗族地区的水井修建越来越华丽精致，井壁需要村民捐资请石匠打制，井边竖立功德碑。井壁用石板砌成，并雕刻虫鱼鸟兽和人物图案。在三江富禄苗族乡的葛亮屯，有一处水井，石板上还刻着诸葛亮和孟获的浮雕，讲述那段诸葛亮七擒孟获的传奇故事。程阳八寨中平寨的鼓楼广场还设有思源亭，此井为村寨防火、供水工程而建，1991年农历五月建成蓄水，极大地方便了村民的生产、生活。碑铭上有："平寨饮水，幸党恩，饮水思源，建亭有志，名思源亭。"亭子为六角攒尖顶，亭子内有休息椅，是一个休闲纳凉的好地方。

在侗乡，常见有侗族人拿热水瓶或其他容器到井边打水，但这些水并不是打回去烧滚了才喝，而是直接饮用的。因此，侗家对水井十分爱护，只要见到井内苔藓滋生，便主动洗刷。如因天长日久井台损坏，会有人悄悄把它修好。水井的周围要保持干净，禁止到水井边洗涤物品，特别是不能到井边洗衣服。水井边的树林要保护下来，不得任意砍伐。水井边的土地不得随意开挖，特别是水井边上的土石不能乱动。不能在水井边上种植需要施用肥料的作物，但栽种竹子受到鼓励，因为竹子可起到固土的作用。水井边也不能修建任何建筑物。不过，为保护水源，方便寨民取水时免遭日晒雨淋，也为路人提供短暂休息之所，侗寨里一些重要的水井上也盖有井亭。井亭与凉亭相似，常为攒尖顶的多角重檐小亭。有些井亭旁边还建有开敞的干栏式建筑以供人休息。

在三江程阳八寨，各个寨子都有很多水井。这些水井中有些已经很古老，为建寨时逐年所建，如"懂井"、龙凤井、河边井、思源井等。

平寨的"懂井"是侗寨少有的竖向双井，也是八寨水井中最古老的水井之一，是平寨村民的主要饮用水源。据村中老人回忆，"懂井"意思就是"东边村郊的井"。该井为祖辈先贤所挖，当时村寨未曾扩建至此，挖井之时附近都是农田，故称为"懂井"。井中常年有小鱼游动，村民以此判断井水水质的变化。

岩寨的龙凤井也是一口古井，位于鼓楼下方，是寨里村民的主要饮用水源之一。井名来自一个传说，相传曾有一对龙凤从天而降，精疲力竭立于鼓楼之上，于此饮水后，瞬间恢复气力飞天而去，故名"龙凤井"。龙凤井井水离地面较高，因此旁边备有长柄的水瓢以便寨民打水用。

马鞍寨的河边井离河水很近，故名河边井，也是马鞍寨村民的主要饮用水源。有河在寨边流却取井水饮，这来源于侗族人自古养成的卫生习惯和对山泉、井水的偏爱。

这些水井都建有井亭保护，多为木构三重檐歇山顶，小巧精致。由于如今程阳八寨已开辟为景区，因此在井亭内多有用中英文标注的告示，告诉游人此为寨民饮用水，请勿投币，勿在井里洗手洗脚，勿把喝过的水倒回去，等等。

水井对侗寨的意义还体现在民俗中。在三江侗寨，婚礼一般都在过年时举行。农历的大年初一，新娘子都要到婆家附近的井去挑回两桶水，以示贤惠和给婆家带来福气、财气。

凉亭也是侗族村寨中比较常见的一种建筑类型。根据它所处位置的不同，凉亭也有寨内凉亭、路边凉亭及水井凉亭等几种类型。

寨内凉亭从某种意义上来说，具有与鼓楼十分相似的功

非
遗
广
西

侗寨
巧夺天工的杰构

能，常建在寨内比较显要的位置，尽管它体量不大，结构与用材也很一般，但却以其有别于普通住宅的外观形象，构成了全寨的视觉中心。凉亭也采用干栏式建筑形式，底层架空，三面设有坐凳，中心处有火塘，令人仿佛置身鼓楼中。

侗族人也常在交通要道的山坳上建造凉亭，以利过往行人小憩。这类路边凉亭也大多设有火塘，并备有柴火及饮用水。凉亭多采用杉木建造，大小不等，形式不一。有的用青瓦遮顶，有的用树皮覆盖。亭内两边设有长凳供过往的行人休息乘凉。一些热爱公益事业的老人还在凉亭的旁边挖一口水井，供行人饮水之用。有些还在凉亭内挂上一双双草鞋供行人备用。

吊脚楼：干栏民居

"桂州西南又千里，漓水斗石麻兰高。"唐元和十年（815年），柳宗元出任柳州刺史，经桂林往柳州时沿途所见之"麻兰"便是如今壮侗民族的干栏式民居。至今壮话里"麻兰"仍有回家之意。

这种干栏式木结构民居俗称吊脚楼，源头可追溯到人类的巢居时代。在公元前5000年左右的河姆渡新石器时代遗址，就有类似今天干栏式建筑的遗存。

自古以来，吊脚楼一直是桂北侗族人民的家，庇护着他们子孙的繁衍，也寄托着他们的乡愁。

依山傍水的侗寨，民居围绕着鼓楼为中心，依山就势，层层铺开。村巷亦以鼓楼为中心，铺以青石板，如太阳的光线延展到各个区域，将各族群各家有序地组合。

侗族喜聚族而居，大寨三四百户至上千户，小寨三五十户，极少单家独户，也不会形成一个个独立的院落。

侗寨的传统民居通常有两种：一种是干栏式民居，是"南侗"地区主要居民形态；一种是地面式民居，趋同于汉族民居，流行于"北侗"地区。广西三江地区的干栏式民居一般分为三层半，为防潮和野兽虫蛇的侵扰，下层常为架空或全部围合为畜圈，或家具、肥料库房，二层住人，三层也常设有卧室，同时作粮食存放之用。地面式民居多为平房，人多居于楼下，楼上为粮仓和堆放杂物。

干栏式民居虽俗称吊脚楼，但从严格意义上说还可分为高脚楼和吊脚楼两种。高脚楼立在坡脚或缓坡辟出的平地上，它四面的立柱都立在同一个平面上。而吊脚楼则建在斜坡面上，后半部直接架在坡地上，前半部则用木柱架空像是吊着的一根根柱子，形成前虚后实的楼房，故而称为吊脚楼。因

扫码看视频

侗寨吊脚楼

此，高脚楼为更正宗的干栏式建筑，吊脚楼为半干栏式建筑。侗族民居房顶一般为两面倒水的悬山顶屋面，或房屋两头配偏厦为四面倒水的歇山顶屋面。

侗族民居一般一家一栋。也有的村寨，如三江的独峒、八江、林溪一带，多聚族而居，将同一房族的房子连在一起，廊檐相接，可以互通。这与汉族等民族单门独院的传统民居有很大的不同。

山居侗族的住宅多为外廊式二三层小楼房，楼下安置石碓，堆放柴草杂物，饲养牲畜，楼上住人。这是"家"字的最好阐述。

沿木梯上二楼，便是侗族人的生活起居处，是家庭使用最多的空间。前为走廊，宽约三米，装饰有栏杆，栏杆边备有固定式长凳供人休息或做活计。走廊与主屋往往不做间隔，房屋间数越多，走廊越长。走廊上放置织布机、纺车、长短凳、餐桌等。走廊外侧封装约一米高的短板，有的房屋封板下部开一至两个圆形洞口，供狗向外张望。

走廊里边正间为堂屋，设神龛。左右侧各一间做火塘，火塘间正中用石板砌成一正方形火塘，内填黄泥，中置一铁质撑架，终年烟火不熄。火塘上方悬挂一圆形或方形平面木格吊炕，阔宽约一米，专供烘烤谷物和烟熏腊肉。这里既是祖宗之位，又是一家人休息、取暖、炊薪、用餐、接待客人和手工劳动之所。卧室设于走廊两侧或第三层楼，开设有推拉式窗户，一般都很小。三楼主要用来做卧室，或者存积粮食、晾晒衣物、悬挂禾穗等。

高脚楼或吊脚楼作为普通民居以简单实用为主，不像鼓楼、风雨桥、戏台等公共建筑那么繁复，结构也较简单。

　　三江侗族的传统民居也是如此，结构基本相同，主要是通过主柱、瓜柱、木凿榫来连接。枋是连接主柱、瓜柱的，主柱越多，瓜柱越多，穿枋越大，连接也就越密。屋架一般用五根或七根主柱穿串成排，将三排或五排柱子对接，再将穿枋连成架，上端加梁，梁上铺椽，椽皮上以青瓦覆盖或用木皮覆盖，呈前后两檐的形式。左右两边分别竖矮柱并用横梁覆盖，称之为偏厦。传统的吊脚楼一般以杉木为柱、杉板为壁、杉皮为瓦，极富民族特色。有些民居巧妙建在水上，有良好的防火性能。这种民居，楼上住人，楼下养鱼，人欢鱼跃，相映成趣。

　　不过，从 20 世纪 60 年代开始，特别是 20 世纪 80 年代改革开放以来，侗族村寨相继修建了一些砖木结构楼房和钢筋混凝土结构楼房。现在杉皮为瓦已很少见，多用青瓦，屋壁也有先用砖砌，然后再用木板装饰的。随着人们逐渐改变了过去"楼下关牲畜，楼上住人"的传统习惯，猪、牛被关在屋外，柴草、厩肥远离住房。侗族传统吊脚楼民居在三江很多地方逐步被砖木结构楼房和钢筋混凝土结构楼房所取代。

　　传统的木楼是寨民日常遮风避雨、生活起居之所，也是寨民最重要的私人财产，最能体现一个家庭的生存能力与价值。木楼的营造是一个家庭的大事，从选址到伐木、开工到结束，都有一套完整的程序。

侗族传统民居非常重视物质形态与精神意蕴的结合，并通过民居选址、空间区隔、仪式过程、交往方式以及相应礼仪等多种形式表现出来。

　　择基定向后，侗族传统民居营造要经过开工、立柱、上梁、钉大门、装板壁、庆贺等程序。

　　因为村落的整体营造有一定的布局要求，因此民居在选址上也不能随意。比如在侗寨，寨民起屋造房不仅要以鼓楼为中心来营造，而且在建筑高度上绝对不能超过鼓楼。有些村寨，之前失火的地基不准再修建房子，风水口、龙眼等地点也不能修建房子。还有的村寨以家族为单位，各个家族划定一定的宅基地，非本家族不能进入修建房子。有实力的家族，往往在其所在宅基地区域中心建氏族鼓楼，同姓氏家族其他成员围绕氏族鼓楼建民居。这就是我们常常看到有许多侗寨都有数座鼓楼的原因，一座中心鼓楼，数座氏族鼓楼。

　　选好址后，接下来的活就由木匠师傅来掌墨完成。在三江，侗族木构建筑营造技艺传承较好，能掌墨的木匠师傅也较多。至于水平高低没有衡量的标准，主要靠老百姓的口碑。建民居也是掌墨师最基础的技能，许多技艺高超的工匠一开始也都是从建民居开始练手的。

　　传统民居的建设，在择定吉日、祭拜山神之后，由掌墨师带头开斧，大家协力伐木。宅基地虽事先早已选定，但仍需地理先生用罗盘择本宅基地的最佳方向。经罗盘定位后，地理先生还要反复排算，看当年是属大利、小利或不利，并且与主人家的本命是否相冲或相克等。这些都在动工之前便推算完毕。

修建房子也要选吉日吉时举行开工仪式。开工仪式需要一根柱子，把它的外表加工光滑，叫个亲戚弹一根墨线，侗族叫起墨线，表示建房。开工仪式还需要备上三条腌制鱼，这三条腌制鱼是给弹墨线者的报酬。

开工仪式翌日由掌墨师主持进行立柱。侗族传统民居都高约十米，属于高空作业，有一定的危险性，因此立柱之时为求心安，掌墨师也会举行一定的祭祀仪式。摆祭坛，置三牲，掌墨师以雄鸡血涂抹立柱，口中念祭词。祭祀仪式结束方可立柱。

高定侗寨里村民在协建一座吊脚楼

立柱先竖中堂屋柱，后竖两侧屋柱，各列屋柱之间相互串联，屋柱全部落磉，立柱结束。立柱时，寨子各家均来帮忙。

上梁是最为讲究的程序，仪式跟风雨桥差不多，只是祭礼上有些差别。

比如在定宝梁阶段，由掌墨师摆供桌焚香、烧纸钱，用右手将桌上供奉的酒洒地祭天地。酒共洒三次，每次话都不同。掌墨师洒第一杯酒时说"一杯酒敬天，天赐吉祥"，洒第二杯酒时说"二杯酒敬地，地呈富贵"，洒最后一杯酒时说"鲁班老祖，奠基华堂"。三杯酒敬罢，表示宝梁已得到诸神的认可和庇护，正式定为新屋的栋梁。

上完梁后，帮忙的人要继续劳作，钉橼角、盖瓦、装板壁。富裕人家还要在屋顶上装饰向天飞檐，在廊洞下雕龙画凤，装饰走廊的木栏。钉大门，又称"钉财门"，即钉中堂正大门，财门讲究门槛、过龙枋和门楣的选择，门槛木以龙爪木最佳，栗木次之，忌用椿木，有脚不踏春之说。门框木以乔木制成，不能拼接。正门钉好后，请一有福气的人扮成财帛星君"踩门"，又称"开财门"。"财帛星君"和另一人，背着口袋，在门外开始讲吉语，讲至大门边请"鲁班"开财门。木匠有问，"财帛星君"即答，最后开门。主人办一桌席，好友等就座，陪"鲁班"及"财帛星君"饮酒，恭贺主人，席后结束。

房子架子立好，铺上楼板，才开始装壁板。因为吊脚楼工程大，所以需要村人帮忙才能竖立起来。富有的人家一气呵成，把壁板一次装完。相对贫困的家庭无钱请人，也可能

独峒镇知了侗寨

因为壁板材料不够，待以后自己再慢慢装壁板。

立柱竖房当天，要贴对联，请"竖房酒"。届时，至亲好友齐集，送上牌匾、楹联、大米、稻谷、白酒等庆贺新居落成。侗族贺新房很隆重，有的侗寨在修建的整个过程中都有人送礼庆贺，全寨所有的人家基本上都去为主人庆贺。以前，侗族建房贺礼比较简单，近亲送两把禾、一坛酒和一米笺的糯米，远房亲戚送一把禾。妇女单独用盆子装上糯米或把糯米蒸熟送给主人，意思是"帮饭"，主人回赠前来庆贺的人两串肉，每串四到五片肉，用长十五厘米左右的竹签串起。主人把禾堆放在新房两天，等架子立好之后，就在上面挂禾，人要睡到房顶上，这就是所谓的"禾守房，人守禾"。现在一些侗族村寨，建房贺礼基本上已被礼金所取代。

在传统的侗寨，鼓楼、风雨桥等属于公共活动空间，民居自然属于个体的私密活动空间。

二楼的火塘间是最重要的空间，不仅是一家人做饭和交流的场所，也是待客之地。侗族人还保留了古越人"坐皆蹲踞"的古俗，饮食用矮脚几案，坐的是原始木凳，很难找到高脚桌椅。

在火塘做饭时柴火要由西放进。因为传说西是侗族发源的地方，火种是祖先从西向带来的。有客来访，也是在火塘边上饮酒、吃茶、聊天。

在这个空间里，除了日常的起居，还承载着人们繁衍生息、开枝散叶的愿望。在侗乡，这个愿望通过一种"行歌坐夜"（也称"坐妹"）的习俗来促成。

"行歌坐夜"是侗族古时候男女青年唱情歌相识交往并谈情说爱的一种习俗。青年男女从十五六岁起，互相选择友善投契者为朋。侗寨里的姑娘三五人聚在某一女伴家中纺纱、刺绣、纳鞋垫，作伴和等待腊汉来访。这家一般住房较宽敞，父母友善，形成相对固定的集中点，侗家称之为"月堂"。腊汉们则结伙来到腊勉们聚集的地方与她们交往、谈情说爱。

这种男女交往活动，婚前人人皆可参与。小伙子去姑娘家时都带有自制的琵琶或牛腿琴或侗笛。双方常常聚在火塘边上，喝酒茶助兴，无所不谈，或打闹逗乐，或互叙衷肠。或弹着琵琶、牛腿琴对唱情歌。每当夜深人静，歌声清晰、音韵悠扬，琵琶铮铮之声，如蝉鸣幽谷。

随着对歌的深入，姑娘和小伙子都互相有了些了解，如果有中意的，小伙子就在歌中提出培养感情的愿望，如果没有中意的，小伙子第二天就可以去另一个"月堂"，姑娘同样也可以再和其他小伙子对歌。这种气氛令人神驰，往往鸡唱五更而不散，黎明才依依惜别。

不过，如今这种侗族琵琶歌更多流行在贵州、湖南的侗寨，或三江靠近两省的地方，如梅林乡、独峒镇等。现在，为了旅游的需要，林溪镇等一些观光旅游业较发达的地方也开始引入这些民族器乐表演，学习的人越来越多，逐渐重现侗乡歌海的原有习俗。

"月堂"娱乐最高潮时数春节后元宵节前这段时间，腊汉不但夜夜通宵，而且白天也和腊勉于"月堂"玩扑克、嬉戏。

男女相处，有情投意合的，即无夜不往。

　　只是如今，侗寨中的年轻男女也多往城市工作，融入了现代都市的生活，侗寨的"月堂"逐渐寂寞了起来。这样的恋爱方式已经成为老一辈侗族人的温馨回忆。随着时代的变化，通信的发达，侗族人谈恋爱也不用再到"月堂"，原来流行的族内婚也逐渐放开。近年来，随着三江旅游业的发展，"行歌坐夜"逐渐成为表演节目供游客体验。

　　二楼还有一个重要的区域便是走廊，那是织娘和绣娘的天地。三江有些村寨的侗族仍然保留着制作侗布用以制作民族服饰的习惯。古老的纺车通常就放在走廊，在一些侗族村寨，"嗒嗒嗒嗒"的织布声和捶布声仍然可闻。侗族刺绣也是自治区级非物质文化遗产代表性项目，绣娘们常常聚在一起，

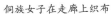

侗族女子在走廊上织布

在某家较宽敞、光线较好的走廊上剪纸、刺绣，特别在同乐苗族乡等侗绣文化传承较好的区域，如侗族刺绣自治区级代表性传承人韦清花家便是如此。古老的纺车，传统的手艺，在长廊上代代相传。平时，家中年长的男子也常在走廊上编织箩筐等竹制生活用品。

如今，年轻人多已外出，古朴的民居里，只有老人们依然就着夕阳在走廊上重复着昨日的生活。

在侗寨，除了民居，属于家庭的建筑还有禾仓、禾晾、牛棚、鸡鸭舍等。

禾仓是储存粮食的仓库，由于侗族传统水稻品种是香禾糯，香禾糯又以禾把的形式储存，因此储存室叫禾仓。修建

侗寨的禾仓

禾仓和修建房子的习俗相近，选吉日开工。现在大多是一户一幢，禾把较多的人家可修建多层，特别富有的人家才修建两三幢禾仓。

禾晾是侗族晾晒禾把的地方，现在还种植香禾糯的村寨仍然保留有禾晾。禾晾是侗寨独有的奇景，是侗族富裕的象征，是人们展示富有的一个极好的平台。修建和维修禾晾，一般是在春季，选吉日动工。修建禾晾可以一户修几架，也可以两户共修一架，根据家庭富裕程度而定。有的人家禾把较多，村里无地修建禾晾，还把禾晾修建在坡上的田间。禾晾有四种形式：一种是修建在小溪边或鱼塘上的单独禾晾；一种是修建在禾仓之上，禾晾和禾仓结合，被称为"仓禾晾"；一种是修建在田间牛棚里，上层为禾晾，下层为牛圈；一种是把禾晾修建在房子里，将房子最高一层修建成禾晾。

牛棚是修建在田间的房子，为生产时遮风避雨和休息之用，农忙时，将牛赶到牛棚里关养，人睡在牛棚里看守水田。由于是生产设施，和粮食、耕牛有关，建牛棚和修建房子习俗相近，要选吉日。简易的牛棚，就是一个牛圈上面加盖一层。较好的牛棚，就是一栋房子，上面住人下面关养牲口。

有的侗寨在远离村子面积较大的稻田区修建成片的牛棚，并且长期居住，除了节日过年回村外，其余时间都在牛棚里度过。这些牛棚越修越精致，与民居无异。后来通过交换稻田和山林、开垦牛棚附近土地等方式，住在牛棚的人家把自

牛棚

己的耕地集中到牛棚附近，定居在牛棚区里，逐渐发展成为小自然寨。

　　鸡鸭舍是季节性的建筑，一般修建在田边。鸡鸭舍是一个微型的房子形状，用来关养鸡鸭。早上把鸡鸭放到田间觅食，晚上把鸡鸭赶回舍里，人回村里，鸡鸭留在舍里过夜。为避免野兽捕食，鸡鸭舍一般修建在离村寨不远的田间，方便人去放养和关舍。除了冬季，鸡都可以关养在舍里，鸭则是冬季和下秧种到摘禾后的时期不能在舍里关养。鸡鸭舍一般都有固定的位置，冬季可以撤除，也可以永久保存。

庙坛建筑：英雄崇拜

侗族是个崇尚英雄的民族，特别是由族内衍生的英雄，如为民生不起战乱的夜郎"三王"、带领族人反抗压迫的萨岁、创下十峒基业的飞山太公杨再思等。侗族人民不仅奉他们为神祇，更筑庙祀之，如三王宫、萨坛、飞山庙等。这些祭奠英雄的神庙与侗寨的其他纯木构的公共建筑有所不同，往往吸取汉族神庙建筑特色，用砖木结构进行营造。

和里三王宫位于三江县城西南二十多公里的三江良口乡和里村，是三江最著名的神庙。2013 年 5 月，和里三王宫被公布为第七批全国重点文物保护单位。

三江自古被称为夜郎之地，夜郎文化在此有上千年的传承，特别在都柳江流域的侗寨、苗寨普遍有夜郎文化信仰，在过去多建有夜郎神庙等。不过，这些夜郎神庙现仅存和里三王宫。

三王宫里供奉的是夜郎王竹多同的三位王子。

传说夜郎国王竹多同生有三子二女，长子竹兴，二子竹旺，三子竹发，长女竹清莲，小女竹爱莲，个个才智过人，文武双全。汉元鼎六年（前 111 年），汉武帝疑竹王有叛汉之心而诛之，后发觉误杀，对其子厚遇有加。竹王三子不计前嫌，竭忠尽智，在所辖区域力倡革新，广施仁政，深得黎庶拥戴，三王离世后，各地相继立祠，以志竹氏父子风范。和里三王宫就是乡民为纪念古夜郎国竹王三子所建。

和里三王宫依山而建，傍水而居，屋后群山连绵、林木葱郁，门前双溪潺潺、阡陌纵横。人和风雨桥横卧溪流之上，巍峨挺秀。庙桥相依，浑然一体，尽占地利人和。

据三王宫内的碑文记载，三王宫始建于明嘉靖年间。起初被称为三王庙，原建在寻江与融江汇合处的老堡口，明隆庆六年（1572 年）随寨子搬迁至和里村，已有 400 多年的历史。

关于三王宫的选址，在和里一带还有这样一个传说。传说 400 多年前，和里村有一樵夫梦见竹王父子到当地选址建宫殿。梦境里，竹王父子到寨子后，发现古树参天、环境幽雅、风景宜人，可惜没有龙泉水。竹王竹多同手持铁杖把后龙山的大块崖石戳穿，顿时涌出了清澈的泉水。竹王父子沿河而下，在和里村和南寨村双溪汇合口停下脚步。三位王子说："二月初五前的七天七夜要天昏地暗，我们要在此修建宫殿。"樵夫醒来记忆犹新，第二天到后龙山一看，崖壁上果然添了一股清泉，梦境应验。农历正月二十八，天地果真昏暗了七天七夜，二月初五放晴时三王宫惊现在双溪汇合口。从此民众对三王宫膜拜不已，宫内香火不断。

这个传说实际上是运用了传统风水学中关于选址的观点，用神话的方式奠定了三王宫神圣地位。

从和里侗寨走过人和桥即可抵达三王宫。人和桥建于清光绪年间，距今约 130 年，上为木质花桥结构，下为青石拱涵结构，在侗乡风雨桥中独具特点。桥头石碑上刻有乡规民约，告示乡民要和睦相处，故名"人和"。

整桥为三塔亭十二廊，全长 48.9 米，宽 4.32 米，高 7.2 米。桥体是侗族传统穿斗构造干栏式空间全木结构，桥基采用石拱式，重檐叠翘，巍亭幽廊，十分精致。

过人和桥，移步往右，拾阶而上，仰头可见巍峨宫门。宫门以大青石作门枋，门上镶有一块青石板，刻有"三王宫"三个大字，上方雕有宋朝仁宗皇帝像和朝廷文武官员共商大事图案。门两旁有对联：千亩南辖收眼底，三王北望总关情。宫门屋顶是中间高、两边低的三个歇山顶结构，左右两侧屋檐分别立有与风火墙相似的板型。这让宫门看起来像一顶古代的官帽，呈现出一种威严与肃穆。

三王宫为歇山式砖木结构，其整体布局为二进三层，占地 1200 平方米，有前楼后楼，中间有天井，前楼设有戏台，后楼大殿为平房，三开间，为古代汉族宫廷式风格与侗族建筑相融合的格局。房屋建筑工艺精美，屋檐雕龙画凤，色彩鲜艳，彰显侗族人民的精湛手艺和智慧。

进入宫门要穿过戏台底部才可入内。戏楼背靠大门，面对正殿。这是明清时期典型的宗祠戏台，用于娱人娱神的表演。

戏台是吊脚干栏式的木结构建筑，不用一钉一铆，全以杉木衔接穿斗而成。戏台以六根大木支撑，其中四角柱上设雀替大斗，大斗上架起横陈的大额枋，形成一个稳固的巨大

方框，牢固支撑着舞台。楼台相对小巧，台面长五六米，进深四五米。台前额枋槟板装饰着龙凤呈祥、人物、花鸟虫鱼等五颜六色的木雕彩绘，瓦脊中央翘角上塑有二龙抢宝、仙鹤灵立等彩塑。戏台融建筑、彩绘、雕塑、楹联于一体，整体木制构造显得别致、秀美。

　　中庭广场两边的回廊亦是全木制建筑。回廊纵向布局，平面呈长方形，衔接着戏台和中堂长廊。每座回廊由左、中、右共十五根对称的立柱支撑，柱子与梁、檩、椽等木构件穿斗式衔接形成牢固的木结构。回廊底层吊脚架空，墙壁碑刻林立，刻有捐资建宫的善士芳名、三王宫历史及宫宇建造过程记载的碑文、山水风景诗赋等。立柱与横梁在离地两米多高的位置套穿，铺板为楼，构成上层稳固的楼面。楼面前部设计成开阔的看台，方便观看戏台上的演出。后部围护是直条栅栏和槛墙，实用又美观。

　　中堂长廊和主殿虽然是传统的汉族建筑形式，但它们的很多建筑构件和材料都采用了木材，将木制工艺恰到好处地运用到了造型中。例如，中堂长廊的立柱、门窗、房梁及厢房建材都是木料，看上去更像是侗寨随处可见的木制寨门。主殿内的立柱、房梁也全部采用木料，既不失汉族宫宇建筑的威严与庄重，又增添了侗族木制建筑的淳厚与秀气，营造了神圣而肃穆的庙宇气息。

　　中堂长廊紧接中庭广场，是三王宫的第二层主体建筑。

三王宫庙会上的侗戏演出

它的设计比较开阔，中间为三扇敞开的通道之门，两边由两间厢房围合。

　　穿过中堂长廊，进入后院，青石板小天井和神殿组成了第三层主体建筑。过了天井就是神秘的主殿，为三开间的平房。主殿里供奉着三王和关帝的神像。殿内四周密布着画像，三王神像右侧挂着清乾隆四十年（1775 年）的铜铸大钟鼎，庄严而肃穆。主殿的大柱由四只石雕大象托起，柱子上挂着建造者在清光绪年间留下的楹联。

　　整个三王宫，除了这些精巧的建筑，还处处充满了"感

恩"与"人和"的文化内涵。如主殿中的对联：

> 三王掌朝心胸宽阔夜郎所辖归大汉，
> 王爷执政德光普照牂牁民众乐万疆。

类似的对联还有多幅布置于回廊等各处门旁。寨老们说，这是侗族群众对三王一心向汉、不起战乱的崇敬和感恩，也表达了对政治清明、政通人和、万世太平的渴望。这也是此处侗族群众立三王宫的初衷。

三王宫"人和"的文化内涵还可通过其特殊的庙会来表现。自古以来，逢每年农历二月初五（传说中和里三王宫落成的日子），三王宫庙会都会风雨无阻地举行，成为当地最负盛名的民俗活动。

三王宫庙会的祭祀活动是按汉式来进行的，这也是对三王一心向汉、不起战乱的致敬。除了"文革"时期中断，传统的三王宫庙会一直持续举办至今。过去由款组织来主持，现在则由和里、南寨两村寨老组织（老人协会）主办，由和里村吴甲、杨甲、欧阳甲和南寨村上南甲、下南甲、寨贡甲六个甲片按十二地支的顺序轮流承办。庙会分大期、小期，逢亥、卯、未年为大期，其余年份为小期。大期之年的三王祭祀活动规格最高，要宰杀牲畜祭祀，还要抬三王神像到各寨巡游，活动内容比小期之年丰富，持续时间也更长。游行结束后，人们还会回到三王宫看戏。六寨每个寨子均有戏班，逢庙会，各戏班白天在三王宫唱罢，晚上轮值的承办村寨还会请其他五寨村民到寨子里联欢唱戏，促进各寨子的团结与交流，次日凌晨才散。

因此，对于和里的侗族群众，三王宫不仅是一座对英雄、贤达崇拜的庙堂，更是一种精神的信仰，并通过文化内涵的营造、庙会的组织等促进各民族和睦相处。

不过，现在除了"国宝"和里三王宫，三江境内其他侗寨已极少见有三王宫的存在。有些地方，如富禄苗族乡还保留有三王宫的遗址却没有重建的计划。只有三江梅林乡的新民村在原三王殿的遗址上建起了一座三王亭以示纪念。

萨坛是侗族用以祭祀祖母神萨岁的神坛。

侗族谚语说："未置鼓楼先置萨坛，未置寨门先置萨屋。"广西三江的侗寨，多数寨子都设有萨坛。

萨在侗族地区拥有至高无上的地位，称"萨岁"或"萨玛"，其既是侗族的祖母神又是英雄偶像。

关于萨岁的来历，三江良口乡和里侗寨中有一座金萨殿，殿中有 2014 年立的一方《重修金萨序》碑刻，碑文如此记述：

在远古的母系氏族时期，湘黔桂地区一直尊崇着一位美丽贤淑的妇女，后人尊称她为"萨"（也有的地方叫"萨玛""萨玛天岁""达摩天子"等)，在那个时代"萨"教导人们稼穑纺耕，然后丰衣足食，也赐其恩惠给子民山地田园五谷丰登、林木郁郁，繁衍了我们后代子孙、开创了侗族文化，并能驱邪镇寨，庇佑四方。而今我们侗家世代都保留有奉祀金萨（即萨堂）的远古习俗，每逢初一、十五烧香敬茶，每年六月初六村老人举行祭典活动，以此表达对萨玛的敬意和谢恩。原我寨金萨为元末明初的伍氏家族倡议修筑，并负责管理、组织修缮和祭祀。因年久失修，必然残缺破损，兹追念萨德恩深，村中老人聚议商讨重修，多得诸位仁人善士慷慨解囊，共襄善举，金萨殿得以顺利竣工。此后，四时风调雨顺，八方百姓安宁⋯⋯

和里侗寨的金萨殿对萨岁的描述很质朴，更像是对母系氏族社会的致敬。侗族人认为，萨岁在天化为太阳神，她身披金丝银丝，光芒万丈照四方；在地化为祖母神，护佑侗族人民代代延续。

萨岁作为英雄偶像源于这样一个传说。古时，一个叫杏妮的侗族女子为反抗统治阶层苛酷的盘剥和压迫，举起义旗，身配九龙宝刀，率领侗家子弟为保卫自己的山寨和父老乡亲奋起抗敌。后因寡不敌众，兵败被围，她毅然跳下悬崖，壮烈殉难。后人敬佩其英勇不屈的精神，代代祭祀，她因此成为神灵。

这应该是侗族民族发展史上的现实映照，在原始渔猎采集时期，母氏占据着重要地位，祖母神有着保佑其人畜"丰产"的意象，而在后来居住地被统治阶层武力掠夺之后，又逐步发展出率兵反抗官军、护佑村寨的"女英雄（豪杰）"形象。现在这两种形象已合二为一，故事的流传偏向杏妮的英雄传说。

后人按照太阳的形状，为其建造圣坛，即萨坛。侗族南部方言区普遍信仰女神萨岁，村村寨寨都修建有专门的祭祀场所。

萨坛是侗寨的一种具有神圣性的建筑，侗族群众称其为"堂萨""然萨"，亦叫祖母祠，即供奉和祭祀萨岁的地方。萨坛多建于村寨的中心，在鼓楼坪边上，以示敬重。如在三江程阳八寨，萨坛也多与鼓楼建在一起。修建萨坛十分神圣，要请安坛师来操作。萨坛有两种形式：一种是用一些石块垒成的祭坛，萨坛由无顶的围墙围着；另一种是完整的堂舍，形同一座山庙，有围墙围闭。三江的萨坛，多有坛而无堂舍，唯有和里的金萨殿建有一座无顶的砖瓦式建筑。

萨坛是一个十分神秘的地方，萨坛里有什么？萨坛有什

三江梅林乡新民村上寨屯的萨坛

么意义？《黔东南州世居少数民族文化丛书·侗族卷》一书对萨坛如此记述：

在建好的萨坛上立一把半张的黑伞或常青树于其上，伞下泥土里埋着两口铁锅，内放有一个木雕塑像，以红绿丝线为锦衣披挂着，旁边放有女人的服饰及女人日常劳作的工具、生活用品。铁锅边用石英石垒填，四面按子、丑、寅、卯、辰、巳、午、未、申、酉、戌、亥十二地支各垒一小堆石英石，表示十二地方位有二十四个部将把守。每个方位下面还埋上少许碎银，这"十二地"为全寨地域之首，故祭坛又称"地头"。坛上伞下边放着石板或木凳，上面摆五个或七个茶杯，伞的两边栽有一两株黄杨树，表示萨岁万古长青，永远遮护侗乡。如果是新建萨坛，还需要到萨岁牺牲地"弄当概"举行迎萨仪式。这仪式庄严、神秘而且隆重。

在三江，多数萨坛虽然没建有堂舍，但是依然拥有崇高的地位，如程阳八寨中岩寨的萨坛为青石砌成，坛外还有数棵古老的"风水树"。寨子背面的山峰为村寨的"风水山"，被命名为"衙萨"，即萨坛峰之意，可见萨坛在侗族人心中的位置。

萨坛有专人管理，侗族人民称其为"登萨"，每月农历初一、十五都要烧香敬茶，每年的新春是寨人祭"萨"的日子，届时举行盛大的祭典。三江和里、欧阳等寨都有萨坛。古时祭"萨"，先是师公和寨老念诵祭词之后，用火镰刮火石击火

侗乡祭萨

星，点燃象征着萨岁给人们带来吉祥幸福的艾火，各家主妇们将这火种带回家炊煮，香火连年不断。侗族群众以萨为核心，称她对内掌管生死祸福，消除灾难，对外驱妖逐邪，保寨安民。

人们在颂萨时唱道：

> 高山连着高山啊，
> 这是我们的屏障。
> 我们神圣的祖母啊，
> 你是这深山的阳光。

神奇木构

坛里的白石多亮啊，

表明你没有离开众人的身旁。

坛外的古树多葱茏啊，

你的福荫护着侗乡的四方……

此外，平时寨中男女歌队出行，戏班演出，举行芦笙赛会或进行斗牛活动等，都要事先到萨坛前祭祀，以祈求平安顺利。

在广西三江，特别是在三省坡附近，林溪、八江、独峒的侗寨，另一种名为"飞山庙"（或飞山宫）的神庙建筑也很常见。

飞山庙一般来说是奉祀侗族神灵杨再思的庙宇，也因族姓原因供奉本姓祖神为飞山神的，但都是受杨再思的影响而立庙奉祀。杨再思是一位真实的历史人物，湖南靖州人，唐末五代靖州飞山酋长，号十峒首领，人称"飞山太公"。

唐代末期，王室衰微，天下纷争，藩镇割据。其时，叙州（治所在今湖南怀化市洪江市黔城镇）南部一带的苗、瑶、侗等民族在潘金盛、杨再思的领导下，逐渐兴旺繁盛，形成一个以飞山（今湖南靖州苗族侗族自治县飞山）为中心的民族团体——"飞山蛮"。后梁时期，马殷据湖南称楚王。潘金盛据飞山和五开峒（今属贵州黎平县）一带，杨再思据叙州潭阳（今湖南芷江侗族自治县）、朗溪（今湖南会同县）一带，互为声援，以拒马殷。

后梁开平五年（911年），马殷遣吕师周"征剿"飞山，潘金盛兵败被杀。迫于这种形势，杨再思率"飞山蛮"余部，以其地附于楚，马殷封其为诚州（后改名靖州）刺史。此后，杨再思设立十峒，以其族姓散掌州峒，抚驭峒民，拓荒种地，发展生产。马楚政权灭亡后，杨再思之七子杨正岩，将"飞山蛮"的势力范围逐渐扩展到今湘西南、黔东南、桂东北广大地区（包括湖南靖州、会同、通道、黔阳、怀化、溆浦、麻阳、芷江、新晃、新宁、武冈、城步、绥宁，贵州锦屏、黎平、天柱、从江、榕江、玉屏及广西三江、龙胜等地），扩大了杨再思的影响。

杨再思由于能团结各州的兄弟民族归顺朝廷，先后被追封为威远侯、英济侯、广惠侯和英惠侯。黔、湘、桂三省（区）交界处人民更思其德，有的奉其为神灵，有的尊其为祖先，并建飞山庙祀之。每年农历六月初六（杨再思的生辰）和十月二十六（杨再思的忌辰），各地群众常去飞山庙祭奠，历久而不衰。

一些侗寨视飞山太公为村寨的另一个保护神。旧时的飞山庙也建得颇有规模和气势，后来多遭损毁。现遗存时间较久的有林溪镇高友侗寨的飞山庙，其建于清末，位于村寨的中央。高友飞山庙是三江发现的保护得比较好，规模较大的古庙，砖木结构，分为内院和外院两部分。原本飞山庙内神台精雕细刻，立有杨公神像和两尊护卫神像，神台前摆设造型精致的木桌，后被破坏，飞山庙内原有的人物山水壁画都被毁了，只剩下一口锈迹斑斑的古钟。现残存下来的飞山庙也比原来的规模小了很多。

历史上建筑规模较大、香火最盛、影响深远的飞山庙当属马胖团飞山庙。

马胖团在过去是一个民间村寨组织，包括八江、独峒、林溪三个乡镇七个村的马胖屯、岩寨、独寨、上牙、青竹、岩脚、归令、江头、六更、念马、归洞等二十八个侗寨。马胖团飞山庙是这些村寨的飞山庙总庙。

据马胖团飞山庙新立石碑记载，马胖团飞山庙始建于清乾隆六十年（1795年），距今已有200多年，占地500多平方米，气势非凡，宏伟壮观。逢飞山太公诞辰或忌日，二十八个寨子前来祭拜飞山太公的侗族群众络绎不绝，成为此间最盛大的民俗活动。后旧庙在"文革"中被毁。

按传统风水观念，侗寨的飞山庙通常选址于寨中重要位置，或寨旁山势险要之处以护寨。飞山庙并非纯木结构，而是结合汉族建筑特色的半砖木结构，高大的风火墙和四合院式的格局是其建筑的特点。

今马胖团飞山庙位于与马胖鼓楼一河之隔的岩寨东北角，重建于2010年，其规模不减当年。

穿过朱红色的大门，是一进优雅院落，头顶上方由数根同等大小的酱朱色柱子托起一座戏楼。穿过戏楼走到天井回望，才见戏楼全貌。

戏楼背靠大门，面对正殿，是明清时期典型的宗祠戏台，也叫宗祠剧场。据记载，宗祠戏台是宗族演剧的主要场所，中国古代祭祀时一直有歌舞娱神的传统，选择在祠堂内部进行戏曲演出，一则是祭祀仪式之需，二则也可方便族人观赏。

高友侗寨的飞山庙

扫码看视频

　　宗祠戏台通常是整个宗族祠堂建筑中最华丽的部分，也是宗族祠堂中最具特色的建筑。飞山庙的戏楼自然也不例外。戏楼分为戏台和两厢房，戏台凸于前，呈三面观，横柱上雕刻着精美的图案。屋顶以单檐歇山式，飞檐翘背，两角高耸，线条优美。白灰屋脊上隐约可见装饰的图案，屋顶以官帽作装饰，显示飞山公之威望。

　　戏台前面有宽阔的庭院，两侧有吊脚长廊。整座飞山庙除围墙、风火墙外，均为木结构建筑。主殿为歇山式屋顶，两侧建有风火墙。正殿十分宽敞、大气，神龛正中有飞山太公杨再思和历代名将等雕像，栩栩如生。

神奇木构

在三江境内，颇为可看的还有八江镇王岭寨、林溪镇高
友寨、程阳八寨景区的东寨的飞山庙。此外，在独峒镇独峒
寨及岜团寨等地也建有飞山庙，不过多是单门独户的小山庙。
但这并不影响侗族群众对飞山太公的崇敬。时至今日，飞山
太公的诞辰、忌日，有些村寨祭祀活动盛况不减。《三江侗族
自治县志》有这样的记载："1956 年前苗江河寨大村的群众
每隔七年（农历三月初三）到飞山宫前举行一次大祭。祭前，
先买来一头左眼和肚脐眼各有一个毛旋的大水牯，梳洗干净，
再把一块五尺许红绸系于两只角对整齐，作供奉'飞山神'
的祭品。开始前，由一位德高望重的寨老率领全寨老人来到
飞山庙举行祭祀典礼，摆上三牲。此时，站在飞山神前的主
祭者高声朗诵祭词：'没有什么供请，米粮钱财供请；走出苗

马胖团飞山庙戏台

江河寨大村，走上殿堂衙门，翻越广西地界，进入湖南疆域，来到地口、马玉、岗口，不请诸神五鬼，专请飞山大神；又请七千勇将，八万雄兵，一齐出来庇我众灵，百业兴旺，人寿年丰。'念毕，众寨老高举酒杯，齐朝地上洒去，谓之向飞山神敬酒。此时，唢呐、铁铳、鞭炮齐鸣，庙前所有的人一齐跪拜，一人呼'叩首，再叩首，三叩首'，后生们即从庙里抬出飞山王及众菩萨木雕像绕树一周，随即将牛拉上树吊死。"

由此可见，祭祀飞山神在过去是一个多么盛大的仪式。现在，出于对生命的尊重，"拉牛上树"这样的仪式少见了，不过，飞山庙里依然香火鼎盛。

值得一提的是，往往飞山庙建立后，到庙里祭祀飞山神的不仅仅有侗族人，也有汉、苗等民族群众，其共同信仰与文化认同，对民族融合与民族团结起到了积极的推动作用。

款坪是侗族地区用以开展款组织活动的地方。

现在广西三江侗族村落中并不常见，但在过去，在侗族村落组织中，款坪不仅很重要，还有着十分权威的地位。三江现存的款坪在独峒镇的岜团村。

据研究，大约早在唐代，侗族地区就已出现了被称为"款"的民主自治的社会组织。侗族款组织主要分布在黔、湘、桂三省（区）交界的侗族地区，其形成于原始社会末期军事民主阶段，它是以地域为纽带的村与村、寨与寨联盟的社会组织。

款组织有小款、大款、特大款之分。小款，由同一溪河流域的数十个村寨组成；大款，由数个或数十个款坪组成；特大款，由所有的款坪组成。大小款都由德高望重的老者当款首。款首由民众推选，不脱离生产，负责管理村寨，排解纠纷，如有重大军事行动，负责军事指挥。款首无固定报酬，如处理纠纷，视其误工多少，适当给予酬谢。款首办事秉公正直，深受拥护。

款组织经常集会的地方被称为款坪。款组织有一套完整的规范体系，即款约。所有款约都是在款坪集会时议定或宣布的。

款坪，通常在中心地区砌一土台，称为款坛，坛上竖一巨石（形状带方而扁平），称为款石。款石多无文字。款组织议定或宣布第一条款约时，即立此石，称为"勒石定规"。以

独峒镇岜团款坪

后款组织的活动，或骤款（定案断案），或讲款（宣布新的款约或重申过去的款约），或起款（领队出征），便在此进行。

在一般情况下，每个款坪分别于农历三月和九月各举行一次集会，称为"三月约青""九月约黄"。这个款坪所辖的各村寨的居民，每户的户主都要到会。

在款组织的治理下，旧时三江侗乡秩序井然，形成"路不拾遗，夜不闭户"的治世状态。《（乾隆）柳州府志》有记载："民间私立条约甚严，遇有偷盗，鸣众集款不与齿，故里中鲜有敢为盗者。"

三江境内有林溪款、武洛款、苗江款、五百里晒江款、溶江十塘款、浔江九合局扩大款等六个小款。这些款组织原来都建有款坪，中华人民共和国成立后，国泰民安，款组织逐渐瓦解，款坪也就没有了存在的必要。

不过，现在还有些款坪还有遗存，比如位于三江独峒镇的岜团村。如今，自治区级非物质文化遗产代表性项目侗族款习俗传承点也设在岜团。据寨老讲述，直至民国元年（1912年），此处还举行过一次万人讲款活动。不过，原来款坪上的无字款碑及款坛已在 20 世纪 60 年代被毁。

2004 年，三江在岜团侗寨款坪的旧址过圣坡上建立了新款坪。款坪上立碑三块，雕刻着太阳、月亮等图腾。圆形款坪上还有飞山大王（杨再思）、骆郎、贯公等侗族领袖的石像。款坪周边嵌有刻着《六面威规》《六面阳规》《六面阴规》等所有款词的石碑，以供后人瞻仰。随着民族文化旅游热的形成，此处已成为游人体验侗族款习俗的最佳景点。

神奇木构

薪火相传

这些神奇的侗族村寨的总设计师、营造者是一群被称之
为掌墨师的木工师傅。

　　掌墨师意思是掌控墨线的师傅，即传统修房造屋时全程
主持建设的总工程师。从古到今，这些工匠用最传统的方式、
最精湛的手艺、最纯粹的民族文化内涵，共同营造了这个让
人着迷的木构建筑世界。

鼓楼结构模型

神奇技艺

这些掌墨师在上古时期还曾被称之为"圣人"。

韩非子《五蠹》上载："上古之世，人民少而禽兽众，人民不胜禽兽虫蛇。有圣人作，构木为巢以避群害，而民悦之，使王天下，号曰有巢氏。"

掌墨师的工作贯穿建筑规划设计、地基开挖、来料加工到掌墨放线、房屋起架、上梁封顶等整个过程，也就是负责项目设计、预算规划、材料组织、施工管理和施工监督等建造活动。

这一套营造程序和技艺相传源于鲁班。鲁班为春秋战国时期的著名工匠，掌握了高超的木构建筑技艺。木工师傅们用的手工工具，如钻、刨子、铲子、曲尺，画线用的墨斗，据说都是鲁班发明的。而每一件工具的发明，都是鲁班在生产实践中得到启发，经过反复研究、试验出来的。

奉鲁班为祖师的三江侗乡的掌墨师，大都掌握着一套侗族木构建筑营造的秘籍。这套秘籍也是通过无数代工匠从实践中不断探索、积累和创造出来的，通过师徒、父子间代代相传，成为侗族工匠共同奉行和遵守的营造法式。

侗族民间工匠的建筑技艺十分高超，是天生的艺术大师。

木匠工具及建筑模型

在建造楼、桥和民居时，他们不用一张图纸，仅凭借一杆传统的度量尺进行设计，俗称丈杆。丈杆由一片竹片临时制成，长度相当于房屋中柱的高度，刮去青皮，用曲尺、竹笔和凿刀把一座楼房的柱、瓜、梁、檩、枋等部件的长度和尺码绘刻在上面，横比竖量，使用起来得心应手。

　　传统的侗族工匠还使用一套世代相传的建筑符号——墨师文，一般有 26 个符号，但常用的只有彡（前）、ㄎ（后）、九（左）、彡（右）、井（梁）、川（柱）等 13 个。这些像汉字又不是汉字的符号，被刻在竹签和建筑构件上。侗族工匠仅凭这些简单的竹签为标尺，靠独特的墨师文为设计标注，使用普通的木匠工具，如锯、斧、刨、钻、墨斗、曲尺等和木料就能制造出样式各异、造型美观的楼、桥。

这些楼、桥设计之精巧，造型之美观，令人叹为观止。

他们是侗寨的"鲁班"，从邑团桥、程阳桥、马胖鼓楼、三王宫等古代木构建筑，到现在的三江风雨桥、三江鼓楼、龙吉风雨桥、侗乡鸟巢等现代木构杰作，薪火相传，享誉世界。

在三江，神奇的侗族木构建筑营造技艺没有现成的教材可以学习，也没有捷径可走，技艺的传承全靠传帮带。师傅领进门，修行在个人。在侗乡，所有的掌墨师都是技艺精湛的木工师傅，但并不是每个技艺精湛的木工师傅都能成为掌墨师。这其中，需要日积月累的经验，还需要将侗族文化谙熟于心。

在侗乡，要成为一名真正的掌墨师，大多需要十多年甚至更漫长的时间。他们从学徒做起，到专业带班二墨师，也就是领头师傅，能全盘掌控整体项目的二墨师才有机会荣升掌墨师。

由于侗族传统民居的结构较为简单，因此它常常被年轻的木匠用来练手。但那些年轻的木匠要想成为真正的掌墨师，则需要成功完成一座鼓楼或风雨桥的营造。比如说三江侗族木构建筑营造技艺国家级代表性传承人杨求诗，也是在实践了无数侗族传统民居营造之后，才敢涉及鼓楼和风雨桥的营造，最终成长为一名杰出的掌墨师。

比如要建一座吊脚楼民居，备好建房的材料后，掌墨师要根据房屋的地势、楼层及尺寸等确定房屋的开间、进深，然后下墨。一切就绪择好吉日，请完鲁班等众神后，即可排扇立架。掌墨师负责指挥将建筑各构件摆放在相应位置，然后用"穿"的方式将屋柱与瓜柱串联起来，开成一扇屋架。然后将排好的屋架竖起来，用斗枋连接，完成整个房屋的主体构架。之后，进行立柱上梁。立柱上梁多在半夜举行，掌墨师脚穿新鞋，用红布将碎银包在梁木上，手持缠红布的五尺棍，登上云梯，边登边唱"上梁歌"。

这是最基础的程序，侗族工匠要反复练习，谙熟于心，用于实践，才能成为一名合格的掌墨师。

神秘礼仪

侗族村寨是一个完整的艺术建筑群,其基本的构件有鼓楼、萨堂、戏台、民居、禾晾、禾仓、寨门、凉亭、风雨桥和鼓楼坪,其中最重要的是鼓楼、民居、萨堂、风雨桥,而鼓楼和风雨桥则是侗族木构建筑的主要代表。鼓楼雄踞于侗寨之中,顶天立地,是侗族的精神象征。风雨桥横卧江上,是侗族的"福桥"和"生命之桥",楼、桥绘制的各种图案,寄托了侗族祈望风调雨顺、五谷丰登的美好愿望和美学追求。

他们在村寨或具体建筑的营建中,常常要将侗族的神话传说、图腾文化、民间习俗、宗教信仰等融入其营造理念或具体构件中,让每一座村寨或建筑都充分地体现侗族的精神与气质。这就要求掌墨师除了掌握高超的木构建筑营造技艺,还要十分熟谙本民族的历史文化和成套的仪式。

不论是鼓楼、风雨桥、戏台,还是民居等重要木构建筑的营造,都要经历选址、砍梁、开工、立柱、上梁、启用等重要仪式。掌墨师必须尊重民间习俗,在整个营造过程中,懂得规矩,行得仪式,背得祭词,跟寨中长老有条不紊地配合。

掌墨师要懂得的规矩很多,包括一些风水常识、砍梁木的择日人选等。比如：砍梁木要请地理先生看好日子之后，由寨子中四代同堂或三代同堂的人家出人员去砍；梁木抬回来时不能落地；等等。掌墨师还要掌握成套的仪式，如开工仪式、立柱仪式、上梁仪式、启用仪式等。这些仪式往往都要请神、念祭词。这些口口相传的仪式和祝词都需要掌墨师去掌握。

开工仪式首先举行的是祭祀鲁班仪式。黑色长方形木桌上，依次摆放着传统木工工具、猪头肉等三牲、糯米、家织青布等。在地理先生用罗盘勘查好吉时中的吉方位之后，仪式开始。寨老上香敬酒后掌墨师念鲁班请师礼祷词。

在此过程中，掌墨师还要同时感念先辈祖师。之后，继续祭祀感念其他各路方位神和手艺接师。

在立柱仪式中，掌墨师要先举行请鲁班等礼仪，接着执公鸡念祭词，然后动斧杀鸡，用鸡血染在中柱上。之后便是鸣炮庆祝进行立柱。

上梁仪式是侗族风雨桥、鼓楼及民居建造过程中最重要的仪式之一，也是最为讲究的程序。上梁须经开梁口、涂宝梁、放梁口、饰宝梁、祭宝梁、点宝梁、踩宝梁、升宝梁、定宝梁和抛梁粑几道程序。

涂宝梁时要杀鸡，掌墨师和寨中长老要一起默念一段祷词。念完这段祷词，长老动斧杀鸡，用鸡血染在中柱和梁上。与此同时还要默念祝词，在升宝梁时，掌墨师与寨老一起唱上梁歌："……梁朝东，金银财宝进家中。梁朝南，猪羊牛马满四栏。梁朝西，子孙代代挂此衣。梁朝北，一路求财百路

上梁仪式

来。梁朝中央，金银满库五谷满仓。大吉大利，大发大生。"

接着掌墨师用工具量一下梁木，念道："尺寸对，做得好，长短宽窄都不错，一阵仙风吹上堂，升起——"梁木在热烈的鞭炮声中缓缓拉上中堂，安放在中柱顶上。

如果是建桥，那么完工后启用前还要举行隆重的圆桥福礼。

圆桥福礼也称踩桥仪式。即日，身着盛装的寨民齐聚桥头。桥头上设有祭坛，备有三牲，还有一双新布鞋。焚香、烧纸钱后，一位德高望重的寨老开始在桥面铺开数丈侗布。一名侗族少女取下祭坛上的布鞋，给老人换上。随后，老人走上侗布，用侗语念一串吉语，祈求福桥大吉大利、千年稳固。念完吉语，在众人的欢呼中，老人向旁边人群抛撒钱币

掌墨师在做上梁前的准备

及糖果,大家争着上前捡拾,以带回福气。如此反复直至走完侗布,仪式结束。

每一个仪式都有环环相扣的过程,掌墨师都要掌握,否则就会被视为失礼,不利于事。这看似有些迷信的仪式,却寄托着人们的美好愿望和祝福,也使得修风雨桥、起鼓楼、建民居这样的公共或家庭大事显得郑重。

如今,随着科学知识的普及,人们大多已不信此道,特别是年轻人,但依然乐见掌墨师和寨老们表演这些仪式,把它们当成非物质文化遗产的一部分来欣赏。

生生不息

在农耕时代，建筑工匠在民间拥有较高的地位，但要成为一名优秀的工匠须经过艰辛的拜师学艺、劳动实践过程，也就是入行拜师当徒弟，从徒工慢慢成为工人，再边学边干成为工匠，继续努力学习积累业绩、积累经验、树立人格品德、弄通难点难题、掌握难题处理技术，使得自己逐渐成为独立匠人，进而成为成熟匠师。

过去在行业内除师徒关系外，同行同事间谁行谁不行要看手艺，要看功夫，要看技能、技巧，要看业绩、作品。

艺术家是用作品说话的，木构建筑的匠师们亦如此。在三江木构建筑的历史上，提起石玉朝、石含章、莫仕祥、石井芳、吴金添、吴文魁、雷文兴这些匠师的名字，就意味着岜团桥、程阳桥、马胖鼓楼这些"国宝"。

过去，在木构建筑营造技艺上是苗江河上的"独峒师傅"唱主角。来自三江独峒的名师石玉朝带出高徒石含章、石井芳、吴金添、吴文魁。他们合作完成的第一个大制作华练桥便声名鹊起。

华练桥始建于清咸丰七年（1857 年），到清光绪元年（1875 年）竣工。甫一竣工就如巨虹跨过天空，光彩夺目。此桥至今犹存，是三江留存至今最古老的风雨桥。之后，他们又相继完成了平流赐福桥、华练大寨塔式鼓楼等名作。

清光绪二十二年（1896年），石含章携师兄弟又掌墨参与了独峒岜团桥的建筑。这座费时13年精心制作的人畜分道双层大桥，被誉为民间桥梁建筑的典范。

1912年左右，林溪人杨唐富等工匠拟建程阳桥，慕名前往参观华练桥和岜团桥，拍案叫绝。于是，他们延请大师石玉朝的四位高徒石含章、石井芳、吴金添、吴文魁及华练著名工匠莫士祥等去程阳参建程阳桥。

这五位掌墨师都是当时侗族木构建筑工匠中的杰出人物，因此可以说程阳桥是一件大师云集的杰作。

石含章的传承谱系里，也出了不少名匠，如与他一同修建平流赐福桥的徒弟王景新，王景新之子王庆光，徒弟王甫水、吴治堂，吴治堂之子吴承惠等。1947年，平流赐福桥不幸被烧毁，后由王庆光、王甫水师兄弟按原样重修。现在，在年轻一代里，最出色的是吴承惠。2013年10月，吴承惠对华练桥进行了修复翻新，并于2017年下半年按原样重建了由其父吴治堂始建的华练戏台。吴承惠现在是侗族木构建筑营造技艺自治区级非物质文化遗产代表性传承人，苗江河流域的名匠石含章一脉的工艺水平和风格在他手上得到了较好的传承和发扬。

现在，在该技艺的传承上，林溪河畔的"杨家匠"更广为人知，侗族木构建筑营造技艺的两位国家级非物质文化遗产代表性传承人全部出自林溪镇平岩村的杨家。首先是杨善

三江的木工师傅

仁一脉。杨善仁是程阳桥建设的主要发起人和建设者之一杨唐富之子。他是林溪镇附近比较有名的木匠师傅之一。1984年，他带领弟子重修全国重点文物保护单位——程阳桥。他的四子杨似玉和五子杨玉吉亦从小从他学艺，成长为优秀的掌墨师，分别成为该项目国家级非物质文化遗产代表性传承人和自治区级非物质文化遗产代表性传承人。杨似玉以掌墨建设位于县城的三江鼓楼而名声大噪。

平岩村的另一个国家级非物质文化遗产代表性传承人杨求诗，师承于叔叔杨明安。他从小对木匠技艺的热爱再加上勤奋好学让他很快脱颖而出，最终成了一位杰出的掌墨师。他2014年掌墨营建的平寨独柱鼓楼显示出他出类拔萃的创新能力和无比精湛的技术。

此外，林溪河流域还有不少优秀的掌墨师，如林溪镇弄团村的杨光仁、杨光友兄弟等一众掌墨师，不仅技艺高超，还培养出了许多优秀的弟子，让这项技艺薪火相传，生生不息。

2006年，侗族木构建筑营造技艺列入第一批国家级非物质文化遗产代表性项目名录。如今，在广西三江，有上百名木构建筑工匠仍在继承着这一传统的手艺并将其发扬光大，通过一件件杰作，让侗族木构建筑营造技艺蜚声海内外。

多年来，柳州城市职业学院刘洪波教授一直带领团队对三江木构建筑营造技艺进行深度调研。从2006年开始，三江侗族自治县侗族木构建筑营造技艺各级代表性传承人体系逐步建立，构建了国家级、省（自治区）级、市级和县级的四级代表性传承人体系。三江侗族自治县有县级以上代表性传承人34人，其中国家级2人、自治区级3人、市级11人、县级18人。

侗族木构建筑营造技艺项目是三江侗族自治县众多非遗项目中已经获得各级代表性传承人较多的项目。由于该项目面对的产业较大，就业机会较多，很多工匠也认识到获得代表性传承人身份对自己事业发展的重要性，所以，近年来，三江侗族自治县木工工匠对于申报县级及以上代表性传承人十分踊跃，有逐年增多的趋势。

随着全国上下对优秀传统文化的传承和发扬日益重视，作为国家级非物质文化遗产代表性项目的侗族木构建筑营造技艺也有了更多的用武之地。这些优秀的掌墨师不仅在本地十分活跃，还纷纷走出去，受邀在全国各地少数民族地区或各地景区营建民居、楼、桥、堂、舍等木构建筑，留下了许多优秀的作品，为广西工匠赢得了荣誉。

"敬业、精益、专注、创新"的精神在他们身上得到了充分的体现。特别是创新精神使得这项传统的技艺与时俱进，通过与现代建筑技艺的融合与发展，创新作品层出不穷，使整个业态呈现出勃勃生机。

他们还走进大专院校，比如柳州城市职业学院等，开设大师工作室，为弘扬侗族木构建筑营造技艺传道授业解惑，让更多的木构建筑爱好者、从业者得到专业的指导，将这项技艺发扬光大。

天空用星光展示，艺术用作品说话，在人类建筑发展的长河中，木构建筑成为中华民族，特别是南方民族使用时间较长，建筑技艺也较为精湛的一种。当我们被钢筋水泥的丛林围困之时，当我们感慨于"千城一面"之时，侗乡，这个木构建筑"遗落的秘境"带给我们的震撼如此深刻。这项技艺生生不息的传承也让我们有幸留住了中华民族木结构建筑技艺瑰宝中的一缕乡愁。

附录

◆ 侗族木构建筑营造技艺

国家级非物质文化遗产代表性项目

项目序号：380

项目编号：Ⅷ-30

公布时间：2006 年（第一批）

类别：传统技艺

类型：新增项目

申报地区或单位：广西壮族自治区柳州市、广西壮族自治区
三江侗族自治县

保护单位：柳州市群众艺术馆、三江侗族自治县非物质文化
遗产保护与发展中心

侗族木构建筑营造技艺是以木材为主要建筑材料，以凿榫打眼、穿梁接拱、立柱连枋为木构件的主要结合方法，以模数制为尺度设计和加工生产手段的侗族建筑营造技术体系。侗族木构建筑营造技艺历史悠久，是在继承了我国南方古代干栏式建筑传统的基础上，通过侗族工匠的世代传承和发展，形成的别具一格的建筑营造体系。主要流传于湘、黔、桂三省（区）交界的侗族聚居区。

侗族木构建筑营造技艺用于民居、鼓楼、风雨桥、寨门、井亭、凉亭的修造。建造工匠，侗语称为"掌墨师"，在营造过程中，不用一张图纸，整个结构烂熟于心，仅凭简单的竹签和普通工具，就能设计制造出式样各异、造型美观的楼、桥。其技艺遵循均衡、对称、和谐的规律进行营造，并且运用直线、斜线、曲线、折线进行多重的组合构图。在建筑结构上，不仅采用排柱穿斗和梁架等构造，还根据地形和居位的需要自由构造，有敞空的底层，裸露的排柱以及檐楼前伸的吊脚楼；有侧面的披檐、重檐或阁楼，有干式、楼阁式、门阙式、厅堂式的鼓楼和廊桥，表现为古朴粗犷、简练实用、轻盈多变的风格和整体完美的和谐的艺术特色，不仅保持了木材本色潜在的艺术底蕴，同时还凝聚着一种质朴坚挺之美。

程阳风雨桥、岜团桥、马胖鼓楼是侗族木构建筑代表，不仅体现了侗族建筑工艺的水准和在建筑学上的美学追求，而且也是侗族信仰、社会治理的见证。2006 年 5 月，经国务院批准，侗族木构建筑营造技艺列入第一批国家级非物质文化遗产代表性项目名录。

扫码看视频

杨似玉 YANG SIYU

侗族木构建筑营造技艺国家级代表性传承人

　　杨似玉，男，侗族，1955年生，广西三江侗族自治县人。2006年5月，经国务院批准，侗族木构建筑营造技艺列入第一批国家级非物质文化遗产代表性项目名录。2007年6月，杨似玉被认定为第一批国家级非物质文化遗产代表性传承人。

　　杨似玉出生在侗族工匠世家，其父亲杨善仁和兄弟杨玉吉等都是著名的木工师傅，他们的后代也大多从事木构建筑营造，是典型的家族式传承。著名的程阳桥是他爷爷杨唐富作为主要发起人组织建造的。在1984年程阳桥大修工程中，父亲杨善仁和杨似玉是主要参与人员。由此，杨似玉家族与程阳桥成为人们关注的焦点，他和他的家人在业界知名度也不断提高，成为三江侗族自治县较有影响力的工匠和家族。杨似玉还获得了中国工艺美术大师、广西工匠等荣誉和称号。2017年11月，杨似玉入选由北京非物质文化遗产发展基金会主办、中国工艺美术协会承办的首批"大国非遗工匠"认定名单，当时广西只有三位非物质文化遗产代表性传承人获此殊荣。

2008年7月14日，柳州市非物质文化遗产传承展示中心在杨似玉家落成。建筑为两层木楼，总面积300多平方米，展出数十幅展板，150多件实物，不仅展示有侗族木构建筑营造技艺项目，还有侗族服饰等其他传统技艺项目。这是广西第一家非物质文化遗产传承中心，基于文化保护地和传承人的生活地点开展保护和传播，为后来的非物质文化遗产传统技艺的保护、宣传和研究提供了一个很好的模式。

杨似玉参与的代表性作品有广西赠送给香港回归祖国礼品《同心桥》模型，桂林乐满地风雨桥、鼓楼、凉亭，三江鼓楼，恭城莲花镇风雨桥，南宁荔园山庄、柳州市博物馆等地的风雨桥、鼓楼、戏台等，三江风雨桥其中一个桥亭，龙胜风雨桥等。

杨求诗 YANG QIUSHI

侗族木构建筑营造技艺国家级代表性传承人

　　杨求诗，男，侗族，1963 年生，广西三江侗族自治县人。2006 年 5 月，经国务院批准，侗族木构建筑营造技艺列入第一批国家级非物质文化遗产代表性项目名录。2018 年 5 月，杨求诗被认定为第五批国家级非物质文化遗产代表性传承人。

　　杨求诗从小沉迷于木匠工艺，14 岁辍学回家后，自学安装家中的门板。他的叔叔杨明安是木匠师傅，见他好学，便带他学艺，常带他出门做各种木工。1988 年杨求诗正式拜杨明安为师傅，由于勤奋好学，悟性高，手艺日精，深得祖传技艺。1990 年杨求诗正式出师，很快成为当地有名的木匠师傅。

经过多年来实践经验的积累，杨求诗的木构建筑营造技艺日益精湛。他是侗族地区公认技术高超的木匠，区内外的民族度假村都邀请他担任掌墨师，承建木构建筑工程。1996年在武汉市江夏区中华民族文化村首次掌墨、设计、建造木质结构吊脚楼、长廊、凉亭等。至今杨求诗在全国各地已设计和掌墨建造有 16 座鼓楼、5 座风雨桥以及大量侗族民居、长廊、凉亭等，与其他木构建筑师傅共同掌墨、合作完成的木构建筑有 200 余座。

杨求诗参与的代表性作品有三江林溪镇皇朝鼓楼、平岩村岩寨鼓楼、平寨鼓楼，独峒镇独峒鼓楼，八江镇归洞村布央风雨桥及寨门，良口乡产口鼓楼、仁塘戏楼，龙胜和平鼓楼等。

侗寨
巧夺天工的杰构

序号	名称	类别	公布时间	保护单位
1	布洛陀	民间文学	2006年（第一批）	田阳县文化馆
2	刘三姐歌谣	民间文学	2006年（第一批）	河池市宜州区刘三姐文化传承中心
3	壮族嘹歌	民间文学	2008年（第二批）	平果县民俗文化传承展示中心
4	密洛陀	民间文学	2011年（第三批）	都安瑶族自治县文化馆
5	壮族百鸟衣故事	民间文学	2014年（第四批）	横县文化馆（横县非物质文化遗产保护中心）
6	仫佬族古歌	民间文学	2021年（第五批）	罗城仫佬族自治县文化馆
7	侗族大歌	传统音乐	2006年（第一批）	柳州市群众艺术馆
8	侗族大歌	传统音乐	2006年（第一批）	三江侗族自治县非物质文化遗产保护与发展中心
9	多声部民歌（瑶族蝴蝶歌）	传统音乐	2008年（第二批）	富川瑶族自治县文化馆
10	多声部民歌（壮族三声部民歌）	传统音乐	2008年（第二批）	马山县文化馆
11	那坡壮族民歌	传统音乐	2006年（第一批）	那坡县文化馆
12	吹打（广西八音）	传统音乐	2011年（第三批）	玉林市玉州区文化馆
13	京族独弦琴艺术	传统音乐	2011年（第三批）	东兴市文化馆

序号	名称	类别	公布时间	保护单位
14	凌云壮族七十二巫调音乐	传统音乐	2014年（第四批）	凌云县文化馆
15	壮族天琴艺术	传统音乐	2021年（第五批）	崇左市群众艺术馆
16	狮舞（藤县狮舞）	传统舞蹈	2011年（第三批）	藤县文化馆
17	狮舞（田阳壮族狮舞）	传统舞蹈	2011年（第三批）	田阳县文化馆
18	铜鼓舞（田林瑶族铜鼓舞）	传统舞蹈	2008年（第二批）	田林县文化馆
19	铜鼓舞（南丹勤泽格拉）	传统舞蹈	2014年（第四批）	南丹县非物质文化遗产保护传承中心
20	瑶族长鼓舞	传统舞蹈	2008年（第二批）	富川瑶族自治县文化馆
21	瑶族长鼓舞（黄泥鼓舞）	传统舞蹈	2011年（第三批）	金秀瑶族自治县文化馆
22	瑶族金锣舞	传统舞蹈	2014年（第四批）	田东县文化馆
23	多耶	传统舞蹈	2021年（第五批）	三江侗族自治县非物质文化遗产保护与发展中心
24	壮族打扁担	传统舞蹈	2021年（第五批）	都安瑶族自治县文化馆
25	粤剧	传统戏剧	2014年（第四批）	南宁市民族文化艺术研究院（南宁市戏剧院、南宁市非物质文化遗产保护中心）
26	桂剧	传统戏剧	2006年（第一批）	广西壮族自治区戏剧院
27	采茶戏（桂南采茶戏）	传统戏剧	2006年（第一批）	博白县文化馆
28	彩调	传统戏剧	2006年（第一批）	广西壮族自治区戏剧院

序号	名称	类别	公布时间	保护单位
29	壮剧	传统戏剧	2006年（第一批）	广西壮族自治区戏剧院
30	侗戏	传统戏剧	2011年（第三批）	三江侗族自治县非物质文化遗产保护与发展中心
31	邕剧	传统戏剧	2008年（第二批）	南宁市民族文化艺术研究院（南宁市戏剧院、南宁市非物质文化遗产保护中心）
32	广西文场	曲艺	2008年（第二批）	桂林市戏剧创作研究院（桂林市非物质文化遗产保护传承中心）
33	桂林渔鼓	曲艺	2014年（第四批）	桂林市群众艺术馆
34	末伦	曲艺	2021年（第五批）	靖西市文化馆
35	抢花炮（壮族抢花炮）	传统体育、游艺与杂技	2021年（第五批）	南宁市邕宁区文化馆（南宁市邕宁区广播影视站）
36	竹编（毛南族花竹帽编织技艺）	传统美术	2011年（第三批）	环江毛南族自治县非物质文化遗产保护传承中心
37	贝雕（北海贝雕）	传统美术	2021年（第五批）	北海市恒兴珠宝有限责任公司
38	骨角雕（合浦角雕）	传统美术	2021年（第五批）	合浦金蝠角雕厂
39	壮族织锦技艺	传统技艺	2006年（第一批）	靖西市文化馆
40	侗族木构建筑营造技艺	传统技艺	2006年（第一批）	柳州市群众艺术馆
41	侗族木构建筑营造技艺	传统技艺	2006年（第一批）	三江侗族自治县非物质文化遗产保护与发展中心

序号	名称	类别	公布时间	保护单位
42	陶器烧制技艺（钦州坭兴陶烧制技艺）	传统技艺	2008年（第二批）	广西钦州坭兴陶艺有限公司
43	黑茶制作技艺（六堡茶制作技艺）	传统技艺	2014年（第四批）	苍梧县文化馆
44	米粉制作技艺（柳州螺蛳粉制作技艺）	传统技艺	2021年（第五批）	柳州市群众艺术馆
45	米粉制作技艺（桂林米粉制作技艺）	传统技艺	2021年（第五批）	桂林市戏剧创作研究院（桂林市非物质文化遗产保护传承中心）
46	龟苓膏配制技艺	传统技艺	2021年（第五批）	广西梧州双钱实业有限公司
47	壮医药（壮医药线点灸疗法）	传统医药	2011年（第三批）	广西中医药大学
48	京族哈节	民俗	2006年（第一批）	东兴市文化馆
49	三月三（壮族三月三）	民俗	2014年（第四批）	南宁市武鸣区文化馆
50	瑶族盘王节	民俗	2006年（第一批）	贺州市群众艺术馆
51	壮族蚂𧎮节	民俗	2006年（第一批）	河池市非物质文化遗产保护中心
52	仫佬族依饭节	民俗	2006年（第一批）	罗城仫佬族自治县文化馆
53	毛南族肥套	民俗	2006年（第一批）	环江毛南族自治县非物质文化遗产保护传承中心
54	壮族歌圩	民俗	2006年（第一批）	南宁市民族文化艺术研究院（南宁市戏剧院、南宁市非物质文化遗产保护中心）
55	苗族系列坡会群	民俗	2006年（第一批）	融水苗族自治县文化馆

序号	名称	类别	公布时间	保护单位
56	壮族铜鼓习俗	民俗	2006 年（第一批）	河池市非物质文化遗产保护中心
57	瑶族服饰	民俗	2006 年（第一批）	南丹县非物质文化遗产保护传承中心
58	瑶族服饰	民俗	2006 年（第一批）	贺州市群众艺术馆
59	瑶族服饰	民俗	2014 年（第四批）	龙胜各族自治县文化馆
60	农历二十四节气（壮族霜降节）	民俗	2014 年（第四批）	天等县文化馆
61	宾阳炮龙节	民俗	2008 年（第二批）	宾阳县文化馆
62	民间信俗（钦州跳岭头）	民俗	2014 年（第四批）	钦州市非物质文化遗产传承保护中心
63	茶俗（瑶族油茶习俗）	民俗	2021 年（第五批）	恭城瑶族自治县油茶协会
64	中元节（资源河灯节）	民俗	2014 年（第四批）	资源县文化馆
65	规约习俗（瑶族石牌习俗）	民俗	2021 年（第五批）	金秀瑶族自治县文化馆
66	瑶族祝著节	民俗	2021 年（第五批）	巴马瑶族自治县文化馆
67	壮族侬峒节	民俗	2021 年（第五批）	崇左市群众艺术馆
68	壮族会鼓习俗	民俗	2021 年（第五批）	马山县文化馆
69	大安校水柜习俗	民俗	2021 年（第五批）	平南县文化馆
70	敬老习俗（壮族补粮敬老习俗）	民俗	2021 年（第五批）	巴马瑶族自治县文化馆

注：保护单位名称以国务院公布的项目名录信息为参照

书籍设计	刘瑞锋　钟　铮　黄璐霜

音像制作	钟智勇　王　涛

图片摄影	吴练勋　龚普康　赵伟翔　马昌华 李乐年　刘洪波　李济才　杨晓丹 周　巍　梁志珍　李家树　杨会光

图片提供	柳州市群众艺术馆

视频提供	广西非物质文化遗产保护中心 三江侗族自治县融媒体中心 广西金海湾电子音像出版社